未来成功人 **10Q** 全商培养

胆商 *Daring Intelligence Quotient* 一胆量商数 (DQ)

U0661769

DQ胆商

总策划／邢 涛　主 编／龚 勋

两智相争
勇者胜

华夏出版社

高胆商成就非凡人生！

著名诗人歌德曾说过："你若失去了财产，你只失去了一点；你若失去了荣誉，你就丢掉了许多；你若失去了勇敢，你就把一切都丢掉了。"由此可见，勇敢比财产和荣誉更重要，因为它是一切存在的保障。那么怎样做才是真正的勇敢呢？这就是我们要说的胆商（DQ）问题。

胆商是衡量一个人胆量、胆识和胆略的尺度，它体现了一种冒险精神。所谓胆量，就是我们常常说的勇敢、勇气；胆识即胆量和见识，与学问有关；胆略即胆量和谋略，智慧是必备要素。只有综合了这些要素的人，才算得上高胆商。

近些年来，人们对智商（IQ）和情商（EQ）有了较为深入的了解，而对胆商却知之甚少。甚至有人认为，胆商算不上什么，是可有可无的。可是，如果你仔细去查阅古往今来的名人经历，你就会发现：胆商在成功的道路上所发挥的作用是难以比拟的。我们不能否认成功人士所具有的特殊天赋和才能，然而，如果他们不够勇敢，那么早在遇到困难时他们就已经被打倒，怎么还可能成就伟业？如果他们没有过人的胆识，怎么能够迈出别人不敢走的一步，创造惊人的佳绩……所有的一切，都与胆商有着千丝万缕的关系。

为了让孩子们对胆商有一个全面的认识，我们精心编撰了本书。书中通过几十个故事向孩子们展示了胆商的魅力；在每一篇故事后面我们不仅设置了"勇敢人生"一栏，深入诠释胆商的含义，还从家长或学生的角度提出了"培养策略"，为孩子的胆商培养作出明确规划。另外，穿插出现的"名人堂"栏目以名人轶事的形式为孩子们提高胆商提供借鉴。最值得一提的是，本书除了在每一篇故事后面设置一个与故事主题相关的测试外，还专门设立了"胆商大检阅"章节，以"闯关"的形式集中检测孩子的胆商，内容饱满，形式丰富，图文并茂，全方位满足孩子的阅读欲望。

希望通过本书，孩子们能够充分认识到胆商的重要性，并学会勇敢地面对生活困境，做生活中的勇者，成就非凡的人生！

目录 CONTENTS

3 诠释真正的勇敢

—— 发挥你的胆略

目录 CONTENTS

1 做生活的勇者

——考验你的胆量

　　所谓胆量，就是我们常说的勇气。面对生活中的风雨，如果我们没有足够的勇气，将会永远生活在暗淡无光的世界。

　　勇气是一缕阳光，引领我们走向光明；勇气是一种力量，推动我们在困境中勇往直前；勇气更是一种智慧，足以战胜一切困境。让我们鼓足勇气，积极地迎接人生的风雨吧！

艾米的愿望

● 你知道艾米日的由来吗？它源于一个圣诞节里的小小愿望，
这个愿望曾经牵动了整个城市的心。

一个高大的男孩从五楼横冲直撞地走下来，撞上了一瘸一拐地穿过走廊的艾米。

"看着点，看着点！"男孩先是不耐烦地嚷嚷，当他看清是艾米时，脸上露出一个讥讽的笑容。

男孩故意撑住自己的右腿，一瘸一拐地学着艾米走路的样子。艾米看着他，脸色变得苍白，她闭上眼睛，在心里对自己说："别理他。"然后低着头，尽量快一点地离开了走廊。

直到放学回家，艾米都忘不掉男孩讥笑的表情。可惜这种事并不是第一次发生。

自从艾米升上三年级，因为她讲话结巴，走路一瘸一拐，几乎每天都被人取笑。艾米觉得非常苦恼，并且孤独无助。

晚餐时，艾米坐在餐桌边，沉着脸一言不发，桌上放着很多她平常爱吃的菜，可艾米似乎没有什么胃口。妈妈知道艾米肯定是在学校里受了委屈，但她没有问艾米出了什么事，反而开始讲一些十分有趣的消息。

"有人告诉我，电台正在举办圣诞愿望比赛。"她说，"给圣诞老人写个愿望，说不定就能得奖。不知道那个饭桌旁的小女孩有没有兴趣。"

微笑终于出现在艾米的脸上。这个比赛似乎很有趣，她开始左思右想圣诞节该许什么愿望。最后，她想到了今天发生的事情，拿起笔给圣诞老人写了这样一封信。

亲爱的圣诞老人：

我是九岁的艾米，患有脑瘫。因为我走路和说话的样子和别人不一样，经常被同学们嘲笑。我的愿望是有一天他们不再取笑我，您可以帮我实现吗？

爱你的艾米

自从圣诞愿望比赛开始后，雪片般的信便从全国各地飞往印第安纳州威利市的电台。工作人员每天都向听众朗读男孩女孩们五花八门的圣诞愿望。

当电台收到艾米的信时，台长托宾先生认真地读了好几遍。他知道，脑瘫不是残疾，只是身体有一部分肌肉失控。

他认为，最好让人们都知道这个独特的女孩和她与众不同的愿望。于是，托宾先生联系了市里的报社。

第二天，《新闻岗哨》报的醒目位置登出了艾米的照片和她的圣诞愿望。接下来，所有的报纸、电台和电视台都纷纷报道了这个小姑娘的故事。很快全国都知道了艾米和她的愿望：威利市有一个小姑娘，她想要的礼物非常简单，就是有一天可以不再被人取笑。

后来的每一天，邮差都给艾米送去很多信件，满载着人们满满的祝福。在那个让人难忘的圣诞节，大约有二十万人从世界各地为艾米送去了

友谊和鼓励。

艾米和家人一起阅读这些信件。有些人告诉艾米自己是残疾人；有些人跟艾米分享他们小时候被人取笑的回忆；更多的人在热情地鼓励艾米抬起头，把别人的取笑抛在脑后。

这些卡片和信件，让艾米看到世界上有许许多多关爱她的人。从那以后，她不再觉得孤单。

艾米的愿望终于实现了——圣诞节那天，没有一个同学再取笑她。

那年的12月21日被威利市市长命名为"艾米日"。他说："得到别人的关爱、理解和尊重是每个人的愿望。我们有责任让这个最美丽的愿望成为现实。"

艾米的小愿望让人们学会了一个大道理。

■ 撰文/阿兰·舒兹　　■ 编译/甘盛楠

勇敢人生 / Brave Life

许愿，对于很多人来说是再简单不过的，但对于艾米，却需要一定的勇气，因为那是在袒露她内心的脆弱。很多时候，我们总是竭尽全力去隐藏自己的缺陷或懦弱，这并不能使我们变得强大起来，只会增加我们内心的痛苦。与其隐藏，不如勇敢地说出来，也许你的生活就会大有改观。

培养策略 / Training Strategy

勇敢是不能伪装的，应该发自于内心，所以培养孩子内心的勇敢最重要。家长在培养孩子的过程中，最开始要允许孩子表达自己内心的懦弱，这样才能对症下药，找到培养孩子的最佳方式。比如，孩子在参加活动时受伤了，家长要允许孩子适当发泄，如喊痛，甚至哭泣，但在行为上要鼓励孩子坚强一点，积极配合医生的治疗。

被嘲笑的小芳

在一次火灾中，小芳的脸被严重烧伤，经过手术，仍然留下一块丑陋的疤痕。小孩子看到她，都会被吓得嗷嗷大哭，同学们更是常常嘲笑她。这让小芳伤心极了。同学们，你能给小芳些建议吗？

■ 你的建议 /

A.哎，虽然这并不是你愿意的，但为了不吓到别人，还是少出屋的好。

B.大声地批评那些嘲笑你的同学，让他们闭嘴。

C._____。

■ 点评 /

选A的同学：

你的个性好像有点逆来顺受，在面对困境时，如果采取这种逃避的态度，是不可能改变现状的！

选B的同学：

你表面看起来很勇敢，敢直面他人的嘲笑，可这恰恰说明你还没有勇气接受自己的现状，所以才会采取这种过激的方式。

你还有更好的建议吗？可以写在C处。

■ 专家悄悄话 /

无论面对怎样的困难，逃避都不是解决问题的根本办法。只有承认问题的所在，并勇敢地面对它，才是战胜一切困难的法宝。对于小芳来说，她也许无法改变自己受伤的容貌，但她可以改变自己的内心，变得勇敢、乐观、善良，这才是最受大家欢迎的。

把种子种在适合的土地上

> 每一块地，总有一粒种子适合它，也终会有属于它的一片
> 收成……

有一个女孩儿，学习十分努力，可是成绩始终不太理想。高中毕业后，她没考上大学，但幸运的是，在老师的推荐下，她被安排到当地的一所学校教初中。

女孩儿很珍惜这次机会，认认真真地准备每次上课的笔记。可是，上课还不到一周，由于解不出一道数学题，她被学生轰下讲台，灰头土脸地回了家。

在母亲面前，她将自己的委屈尽显无疑，眼泪更是流个不停："妈妈，我是不是很笨？我真的觉得自己没脸见人了。"

母亲为她擦干眼泪，安慰她说："孩子，妈妈知道你很优秀，肚子里的学问更是不比别人差。可是，满肚子的东西，有的人倒得出来，有的人倒不出来，没有必要为这个伤心。去找找别的事情做，也许有更合适的事情等着你去做呢。"

女孩儿听了母亲的话，大受鼓舞，重新踏上了找工作之路。后来，女孩儿听说村里几个女孩儿要去外地打工，便也跟着去了。她们一起进了一家服装厂当女工。

结果，伙伴们在那里都做得很好，只有她，没工作几天就被老板赶了出来。

原因是她裁剪衣服的速度太慢了：别人一天可以裁制出六七件衣服来，而她仅能做出两件，而且质量还不过关。

女孩儿回到家，再一次哭着扑进了母亲的怀抱，难过地说："妈妈，我又让你失望了。连这么简单的事情我竟然都做不好，我真的不知道自己还能做成什么？"

母亲轻抚着女儿的脊背，温柔地对女儿说："傻孩子，怎么可以就这样否定自己呢？手脚总是有快有慢的，别人已经干很多年了，而你初来乍到，怎么快得了？相信妈妈，振作起来，你一定能找到更适合自己的！"说完便为女儿打点行装，准备让她到另一个地方试试。

女孩儿看着母亲充满信任的眼睛，坚定地点了点头："妈妈，我不会让您失望的，我会继续努力下去！"

第二天，女孩儿在母亲的目送下，再次走出家门，继续寻找工作。

这之后，女孩儿先后到过几家工厂、公司，当过编织工，干过营销，做过会计，但幸运之星始终没有眷顾她——无一例外，时间不长都半途而废了。

然而，每次女孩儿失败后满脸沮丧地回家时，母亲总是不断安慰她，鼓励她，从来没有对她说过半句抱怨的话，更没有否定过女儿。

女孩儿在母亲的鼓励下，越挫越勇，更加坚定地寻找属于自己的那一片天空。

皇天不负有心人。一个偶然的机会，女孩儿受聘于一所聋哑学校当辅导员，这一次她简直是如鱼得水了。她从没有如此自信过，也没有获得过如此的成就感。

几年下来，女孩儿凭着学哑语的天赋和一颗爱心与学生们建立了良好的互动关系，深受学生们的爱戴，并赢得了大家的一致认可。女孩儿十分珍惜这来之不易的机会，她没有满足于现有的成绩，而是竭尽全力地使自己变得越来越出色。

后来，她自己申请开办了一家残障学校；再后来，她在许多城市开办了残障人士用品连锁店。

如今，她已经成了一位爱心和资产一样都不少的女

老板。

有一天，功成名就的女儿回到家，凑到已经年迈的母亲面前，她想得到一个一直以来很想知道的答案。

那就是，那些年来她连连失败，自己都觉得前途渺茫的时候，是什么原因让母亲对她那么有信心呢？

母亲的回答朴素而简单。

她说："一块地，不适合种麦子，可以试试种豆子；豆子也长不好的话，可以种瓜果；瓜果也不济的时候，撒上些荞麦种子一定能开花。因为每一块地，总有一粒种子适合它，也最终会有属于它的一片收成……"

■ 撰文/马德

勇 敢人生 / Brave Life

从高考失败，到找工作屡屡被炒，女孩儿经历了一次次的打击，却始终勇敢地站起来，不断努力着，终于获得了莫大的成功。生活中有太多类似的考验，如果你懦弱退缩了，只会一事无成；只有勇敢地坚持下去，才能撑起一片属于自己的天空。

培 养策略 / Training Strategy

能否经得起考验、勇于面对困难，对于孩子将来的发展具有重大影响。在培养过程中，家长的正确引导尤为重要。家长要告诉孩子：考验其实是对能力的一种检测，只要勇敢地去面对，使自己的能力得到有效发挥，那么前面的路将会越走越宽。比如孩子的数学成绩一直不好，家长要告诉孩子，这并不能说明孩子笨或能力不行，只能说明这不是孩子的长项，或没有掌握正确的方法，孩子必须勇敢地面对失败，努力将数学成绩提升上去，同时将自己具有优势的科目做得更好。

勇敢，通往成功的重要法宝

■ 杰克·伦敦　Jack London ｜ 没有被困难打倒的作家

美国现实主义作家杰克·伦敦出生在一个破产的农民家庭，他的童年是在贫穷困苦中度过的。为了生存，他从八岁起就开始四处打工，做过牧童、报童、码头小工等。即使面临这样的困境，他也没有自暴自弃，而是利用一切可能的机会学习。终于，他在坚持不懈的努力下，创造了《热爱生命》等令世人瞩目的作品。

■ 霍英东　Huo Yingdong ｜ 从穷小子到亿万富翁

香港富翁霍英东出身贫苦，小时候甚至连一双鞋都买不起。七岁时，他的父亲去世了，家里的重担一下子全都压在了母亲身上。为了减轻母亲的负担，他一边上学一边帮母亲记账、送发票，经常累得头昏眼花。可他始终勇敢地面对这一切，从不喊累。成年后，历经无数次打工的他开了一间杂货店，在他的精心管理下，生意日益兴隆。后来霍英东又凭借敏锐的眼光大胆投资，赚下了亿万身家。

■ 威廉·汤姆逊　William Thomson ｜ 从失败中站起来

20世纪50年代，在英国著名电学家汤姆逊的指导下，大西洋电缆公司开始在大西洋海底铺设电缆。然而，由于工程浩大，且存在许多技术问题，电缆一次次出现故障，社会上对于汤姆逊的诸多批评扑面而来。但是，汤姆逊并没有因此放弃，而是认真总结经验教训，在他的不懈努力下，八年后，大西洋海底电缆终于铺设成功。

二十年后的约定

● 当道德的天平在职责与友谊之间轻摆，吉米·维尔斯的原则会
为他做出怎样的选择？

纽约的一条大街上，一位值勤的警察正沿街走着。一阵冷飕飕的风向他迎面吹来。已近夜里十点，街上的行人寥寥无几。

在一家小店铺的门口站着一名男子。他嘴里叼着一支没有点燃的雪茄。警察放慢了脚步，仔细地看了他一眼，然后，向那名男子走了过去。

"这儿没出什么事，警官先生。"看见警察朝自己走来，那名男子很快地说，"我只是在这儿等一位朋友罢了。这是二十年前定下的一个约会。你听了觉得稀奇，是吗？好吧，如果有兴趣听的话，我给你讲讲。大约二十年前，这儿，这个店铺现在所占的地方，原来是一家餐馆……"

"那餐馆五年前就被拆除了。"警察接上去说。

男子划了根火柴，点燃了叼在嘴上的雪茄。借着火柴的亮光，警察发现这名男子面色苍白，右眼角附近有一块小小的白色伤疤。

"二十年前的今天晚上，"男子继续说，"我和吉米·维尔斯在这家餐馆里共进晚餐。哦，吉米是我最要好的朋友。我俩都是在纽约长大的。从孩提时候起，我们就亲密无间，情同手足。当时，我正准备第二天早上就动身到西部去谋生。那天夜里临分手的时候，我俩约定：二十年后的同一日期、同一时间到这里再次相会。"

"这听起来倒挺有意思的。"警察说，"你们分手以后，你就没有收到过你那位朋友的信吗？"

"哦，收到过他的信。有一段时间我们曾相互通信，"那男子说，"可是一两年之后，我们就失去了联系。你知道，西部很大。而我又总是东奔西跑。可我相信，只要吉米还活着，他就一定会来这儿和我相会的。

他是我最信得过的朋友。"说完，男子从口袋里掏出一块小巧玲珑的金表。表上的宝石在黑暗中闪闪发光。"九点五十七分了。"他说，"我们上一次是十点整在这儿的餐馆分手的。"

"你在西部混得不错吧？"警察问道。

"当然！吉米的光景要是能赶上我的一半就好了。啊，实在不容易啊！这些年来，我一直东奔西跑……"又是一阵冷飕飕的风穿街而过。接着，一片沉寂。他俩谁也没说话。过了一会儿，警察准备离开这里。

"我得走了，"他对那名男子说，"希望你的朋友很快就会赶来。假如他没有准时赶来，你会离开这儿吗？"

"不会的。我起码要再等他半个小时。如果吉米还活在人间，他一定会赶来的。就说这些吧，再见，警官先生。""再见，先生。"警察一边说着，一边沿街走去。此时，街上已经没有行人了，空荡荡的。

男子又在这店铺的门前等了大约二十分钟的光景。这时候，一个身材高大的人急匆匆地径直走来。他穿着一件黑色的大衣，衣领向上翻着，盖住了耳朵。"你是鲍勃吗？"来人问道。

"你是吉米·维尔斯？"站在门口的男子大声地问，显然他很激动。

来人握住了男子的双手。"不错，你是鲍勃。我早就确信我会在这儿见到你的。啧，啧，啧！二十年是个不短的时间啊！你看，鲍勃！原来的那个饭馆已经不在啦！要是它没有被拆除，我们再一块儿在这里共进晚餐该多好啊！鲍勃，你在西部

过得怎么样？"

"喔，我已经设法获得了我所需要的一切东西。你的变化不小啊，吉米。我没想到你会长这么高的个子。""哦，你走了以后，我是长高了一点儿。""吉米，你在纽约混得不错吧？""一般，一般。我在市政府的一个部门里上班，坐办公室。来，鲍勃，咱们去转转，找个地方好好叙叙旧。"

街角处有一家大商店，店里的灯还亮着。来到亮处以后，这两个人都不约而同地看了看对方的脸。突然，那个从西部来的男子停住了脚步。

"你不是吉米·维尔斯。"他说，"二十年的时间虽然不短，但它不足以使一个人变得面容全非。"可以听出，他在怀疑对方。

"然而，二十年的时间却有可能使一个好人变成坏人。"高个子说，"你被捕了，鲍勃。芝加哥的警方猜到你会到这个城市来，于是他们通知我们说，他们想跟你'聊聊'。好吧，在我们还没去警察局之前，先给你看一张条子，是你的朋友写给你的。"

鲍勃接过便条。读着读着，他微微地颤抖起来。便条上写着——

鲍勃：刚才我准时赶到了我们的约会地点。当你划着火柴点烟时，我发现你正是那个芝加哥警方通缉的人。不知怎的，我不忍亲自逮捕你，只得找了个便衣警察来做这件事。

■ 撰文/欧·亨利　　■ 编译/孙晓华

勇敢人生 / Brave Life

一个人在关键时刻能否坚持原则、忠于自己的操守，考量的不仅仅是他的道德水平，还有勇气。正是凭借这种勇气，吉米·维尔斯做出了正确选择，最终逮捕了已成为罪犯的朋友。他这种坚持原则的勇气和无愧于心的精神值得我们每个人学习。

培养策略 / Training Strategy

原则是一个人在社会上安身立命的根本，要想做一个真正有原则的人，就必须具备一定的勇气。家长除了要帮助孩子树立正确的做人原则之外，更应该培养孩子坚持原则的勇气，鼓励他们无论遇到任何阻碍，都要坚守自己的原则。

到底该不该说实话

　　阿波一向是个诚实的孩子，深得大家的信任。一天，小霸王大熊因为在教室里踢球，把黑板打出了一道大裂痕。阿波和几个同学都看到了。大熊说，谁要是敢把这件事告诉老师，他就揍谁。所以，当老师问事情的缘由时，同学们都说不知道。最后，老师问到了阿波。如果你是阿波，你会怎么做？

■ 你的做法 /

A.不顾大熊的威胁，勇敢地说出真相。

B.和其他同学一样，默不作声或说不知道。

C.承认是自己做的。

■ 点评 /

选A的同学：

　　面对威胁时，你还能坚守诚实的原则，真的很勇敢。希望你可以一直坚持下去哦！

选B的同学：

　　害怕挨打是很正常的心理。可我们不能因为一时的畏惧就撒谎呀！勇敢一点，坦承说出真相，事情才能得到真正解决。

选C的同学：

　　你这样做表面上很仗义，其实是在包庇当事人的过失。这种包庇不仅不会让他改正，还可能助长他犯错误的气焰。

■ 专家悄悄话 /

　　为了帮助别人，我们有时会说出善意的谎言；但更多时候，我们应该鼓起勇气维护事实的真相，这不仅是坚守做人的原则，更是合理解决问题的重要前提。

玛拉的奇遇

● 不要因为遭受拒绝而让自己变得胆怯，请放开喉咙，勇敢地歌唱吧，失聪的人也会被你打动。

玛拉最大的爱好就是唱歌，因此，成为班里合唱团的一员，和大家一起站在舞台上放声高歌是她最大的梦想。

可是，因为她十分瘦小，总是穿着一件又旧又不合身的灰衣服，所以合唱团的老师从来不允许她加入。

一天放学后，玛拉独自来到公园里，想到自己不能加入合唱团，眼泪不禁啪嗒啪嗒地掉下来。

她默默地问自己："为什么我不可以加入合唱团？为什么我不可以和大家一起唱歌呢？是不是我的歌声非常难听呢？"

玛拉一边想着，一边情不自禁地低声唱起来。她一边流泪一边歌唱，直到唱累了才停下来。也许是太难过，也许是唱得太投入，她完全没发现身旁还坐着一个人。

"你的歌唱得真好听！"玛拉刚唱完，就听见身旁传过来一个声音，"小姑娘，谢谢你让我度过了一个非常愉快的下午。能听到这么美妙的歌声，我真是太幸运了！"

这突如其来的夸奖让玛拉大吃一惊！她瞪大眼睛，有点不敢相信地看着说话的那个人——一位银发老人。

过了半天，玛拉才回过神来，吞吞吐吐地问道："老爷爷，您真的觉得，我，我唱得好听吗？"

老人没说什么，却向玛拉露出了一个肯定的笑容，然后从长椅上站起来，慢慢地走开了。

这个意外的夸奖，让玛拉激动得一个晚上都没睡好觉。第二天放学后，她又情不自禁地走到公园，没想到那位老人还在，连坐的位置都跟昨天一样。

老人看着玛拉微笑，一脸慈祥的样子，玛拉也向老人甜甜地微笑。然后二人非常有默契地，玛拉放声歌唱，老人坐在旁边聚精会神地欣赏。从头到尾，老人都是一幅深深陶醉在玛拉歌声中的样子，这让玛拉感到无比快乐，更加努力地唱起自己会唱的每一首歌。

玛拉唱完后，老人大声称赞道："小姑娘，你唱得太棒了！我发现你不仅歌唱得更好听了，也变得更漂亮了呢！因为你的陪伴，我感到这个下午十分快乐！"

老人的这番夸奖，让玛拉觉得自己是世界上最幸福的人。因为没有人这样夸奖过她，连爸爸妈妈都没有。

这也是第一次有人夸她漂亮。玛拉不禁摸了摸自己的脸，好像看到了镜子中美丽的自己。

自从遇见了老爷爷，玛拉就拥有了自信和勇气。她再也不为没进合唱团而沮丧，也不为同学们的嘲笑而难过。她相信老爷爷对自己说的话，相信自己真的很棒。

后来的每一天，玛拉都非常快乐，同学们也被玛拉的笑容所感染，再没有人嘲笑她长得丑或是衣服难看了。

每天放学后，她都迫不及待地跑去公园，老人已经成为玛拉的歌迷，总是在老地方等着她。

时间过得飞快，玛拉考上了高中。为了上学方便，玛拉家搬到了高中附近。新家离小公园很远，玛拉没时间再去小公园了，但唱歌的梦想一直在她心中。

过了几年，昔日的丑小鸭变成了优雅的白天鹅，玛拉已是本城有名的歌手了。当玛拉站在舞台上，听到成千上万的歌迷们欢呼时，儿时那位白发老爷爷的模样浮现在她的脑海中。

当玛拉再次走进熟悉的公园里，那张长椅上已没有一位老爷爷在等她了。此时的玛拉多么想告诉老人，她已经实现了她的梦想，可以唱歌给许许多多的人听。是老人的夸奖和鼓励让她走到了今天！她四处寻找了一个月才知道，老人早已去世了。

"他是个聋子，已经聋了20年。"老人的邻居这样告诉玛拉。

■ 编译/甘盛楠

勇敢人生 / Brave Life

一个失聪的人用自己真诚的鼓励为玛拉打开了一扇自信的天窗，使她勇敢地走上了成功之路。生活中，我们不要忘记每一个曾经给予我们鼓励的人，更不要忘记让自己鼓足勇气，面对所有困境。因为奇迹，往往只有那些勇敢自信的人才能创造出来。

培养策略 / Training Strategy

困境中，别人的赞扬和鼓励只是一味催化剂，真正能帮我们战胜困难的，只有我们自己的勇敢。要做到这一点，首先必须自信，相信通过不懈的努力，自己具有克服困难的能力。其次就是认清自己的不足，只有这样才能不断完善自我，从而不再畏惧别人的嘲笑或打击。比如数学考试没及格，不要因此害怕做数学题或质疑自己的能力，要想办法找出问题所在，然后通过向同学或老师请教将数学成绩提高上来。

登山活动

　　学校下个月要举行一次大规模的登山活动。体质一向很差的彤彤为了不落后于其他同学，每天早早起来跑步锻炼。谁知，就在登山活动要开始的头一个星期，彤彤一不小心摔伤了膝盖。看着妈妈一脸心疼的样子，你觉得彤彤最有可能说什么？

■ 你的看法 /

A.这点小伤算什么，我一定可以爬上山顶的。
B.惨了，这回更爬不了山了。
C.这下子我就有理由不去爬山了，也不会因为爬不上去被大家笑话了。

■ 点评 /

选A的同学：
　　你真勇敢！相信再大的困难都挡不住你前进的脚步，加油吧！
选B的同学：
　　受伤确实很疼，但你付出了那么多的努力，甘心就这样放弃了吗？勇敢点，相信你行的！
选C的同学：
　　逃避可不是解决问题的好办法哦！要想不被大家笑话，自己必须勇敢地克服一切困难，做出成绩来才行。
所以A是最佳答案。

■ 专家悄悄话 /

　　谁都不是天生就能做好所有事情的，只有通过不断地学习和努力才能逐渐完善自己。而要想达成最终目标，还要具备克服一切困难的勇气，这样才不会半途而废。坚持就是胜利！

勤奋智慧的人生

● 有些人拥有勤奋，却总是走错路；有些人拥有智慧，却没有
迈出脚步的勇气。

英国金斯敦有许多穷苦人家，约翰·希顿的家庭就是其中之一。他的父亲曾经营一家小作坊，靠微薄的收入供应全家。没人想到，这个让全家人赖以为生的小作坊也会破产。他的父亲被这突如其来的打击逼疯了，希顿一家瞬间失去了顶梁柱。

这突如其来的变故，让希顿从此过上了不同寻常的生活。

贫穷的家庭无法给希顿提供受教育的机会。但这还不是最糟糕的，希顿经常没饭吃没衣穿，不回家在街上游荡。

在这段时间里，他不可避免地染上了许多坏习惯，值得庆幸的是，他仍有一丝理智，才没被这些恶习毁掉。

当时，希顿遇到的最大问题就是如何生存下去，在种种困境中，他坚强地活了下来。为了填饱肚子，他投靠苛刻的叔叔，在他开的一个小饭馆里工作。

每天天还没亮，他就要起来干活，把碗碟刷干净、洗完菜后，他还要把酒装进瓶子里，塞好瓶塞，再把酒瓶装到箱子里。这样繁重的活儿他连续干了五年。

由于缺乏休息，吃得很少，他的身体越来越差，精神衰弱，没有力气，他叔叔看他干活不利索了，就把他赶出了饭馆。于是，他又开始了四处流浪的生活。

接下来的七年里，希顿经历了人世间的世态炎凉、人情淡薄和难以言喻的酸甜苦辣。

种种不幸的经历让他的身体备受摧残，却使他的内心被磨砺得无比勇敢、坚强。

希顿在自传里这样描述这段岁月："我用十八便士租的房子，又潮湿又阴暗。当寒冷的冬天来到，因为没钱买生火的东西，我只好独自裹在被子里。除了偶尔听听窗外风雨的呼号声，我只能在书本中得到一些安慰。"

上天不会让一个人走投无路。后来，希顿很幸运地找到了工作，是在一个叫做伦敦餐馆的地方，当然这份工作一点儿也不轻松——从早上七点到晚上十一点他都得待在地窖里干活。即使是这样，因为能吃上一口饭，他仍然觉得这是一份"美差"。

可是，长期待在地窖里晒不到太阳，工作又非常繁重，希顿的身体日渐衰弱，无奈之下，他只能放弃这个勉强可以维生的饭碗。

希顿的字写得很好，因为他曾利用业余时间练过字。所以，从伦敦餐馆离开后，他找到了一份代理人的工作，每周有十五先令的薪水，这样的待遇已经比之前的工作好了许多。

虽然代理人的工作也很繁重，但这对希顿来说，已经有了较多的空闲时间。他没有白白浪费这来之不易的自由时间，每天工作结束后，他都会去逛书店。

当然，他不可能花钱买书，所以只能在书店拿起一本书，一段一段地读和背。

经过这样长年的日积月累，他的文学功底日渐深厚。后来，他凭借着自己在文学上的资本，成功地获得了一份办公室的工作。在这份工作中，他每周能赚到二十先令的"丰厚报酬"——当然，丰厚只是对他而言。

丰富的知识不仅让希顿的生活条件逐渐改善，也让他获得了前所未有的乐趣。

从此以后，无论面临多大的困境，他对知识的渴求都没有停止。只要有一点点空余时间，他都会埋头学习、研究。

在二十八岁那年，希顿历经常人难以想象的努力，写成了《熙泽奇遇》一书，并得以发表。

这标志着他的文学水平第一次获得文学界的认可，也成为他笔耕不辍的巨大动力。

从《熙泽奇遇》发表直到他去世的五十五年岁月中，希顿从未停止文学创作。

他发表了八十七本著作，其中最著名的是长达十四卷的《英格兰大教堂古迹》。这是一部光辉灿烂的传世之作，也是约翰·希顿这一生的纪念碑，在这块碑上有四个醒目的大字：勤奋、智慧。

■ 编译/甘盛楠

勇 敢人生 / Brave Life

在迈向成功的道路上，既需要勤奋的脚步，也需要智慧的头脑。智慧，让我们看清成功的方向，避免走弯路；勤奋，使我们的脚步沉稳而有力。打倒一切困难和阻碍的勇气，是一个既拥有智慧又足够勤奋的人获得成功的重要前提。

培 养策略 / Training Strategy

面对不幸，我们只有勇敢地站起来，才能挽救自己。那么要怎样使自己勇敢起来呢？我们不妨把生活中的不幸看成是人生的一次考试，只要认真地去对待，就会取得满意的成绩。同时，要想不被困境打倒，赢得人生的这次考试，我们还要像故事中的希顿那样积极主动地去学习，不断增强与困境抗争的能力，直至战而胜之。

怕水的敏敏

敏敏因为游泳时不小心溺水，差点儿发生生命危险，自此她便对水产生了莫名的恐惧，别说游泳，就连洗澡也不敢了。由于长期不洗澡，敏敏的身上产生了难闻的气味，同学们都对她敬而远之。这让敏敏烦恼极了，她将这个烦恼告诉了妈妈。你觉得妈妈会怎么说？

■ 你的看法 /

A.不要管别人怎么说，只要自己觉得好就行。

B.如果你想让大家不再远离你，那么就勇敢地克服对水的胆怯，洗洗澡吧！这样对健康也有好处哦。

■ 点评 /

选A的同学：

我们确实不应该过分在意别人的看法，不过，如果问题确实出在自己身上，那么最好还是改变一下自己。

选B的同学：

你能这样想很好，勇敢地面对自己的问题，才是解决所有烦恼的关键。

所以B是最佳答案。

■ 专家悄悄话 /

生活中，我们既不能因为别人的看法而看轻自己，也不能无视别人合理的看法而高傲自大。只有勇敢地直面自己的缺点和问题，才能使自己不断进步，从而更好地融入到集体当中去，获得他人的认可。

向上帝借一双手

● 一个无手无腿的残疾人，用"上帝的双手"书写了自己的传奇
人生……

在 20世纪50年代，他作为中国人民志愿军中的一员，雄赳赳、气昂昂地奔赴朝鲜，参加抗美援朝战争。

他是幸运的，因为在战争结束后，他成功活了下来。然而，他又是不幸的，因为在一次惨烈的阻击战中，二十多岁的他永远地失去了双手，下肢从小腿以下也都被截去，特残的他变成了一个"肉轱辘"，住进了荣军院。

作为战士，他早已做好了为和平事业牺牲的准备，他从不畏惧牺牲。然而，面对自己成为处处需要照顾的"废人"这一残酷的现实，他却难以接受。

刚刚被抢救过来那会儿，他的心情极为沮丧，绝望得几次企图自杀，但是都没成功——那时，他甚至连自杀的能力都没了。对于他来说，没有

什么比这更悲哀的了。

后来，在别人的讲述中、在影视作品中，他认识了奥斯特洛夫斯基、海伦·凯勒、吴运铎等一些中外钢铁战士，他们在残酷的命运面前表现得极其勇敢，他们那永不折弯的坚韧品性，深深地震撼了一度迷茫的他——原来，生命的硬度远在钢铁之上啊。这让绝望中的他找到了一丝曙光。

于是，他开始近乎自虐般地学习生活自理，在常人难以想象的跌跌撞撞中，他终于学会了照顾自己生活起居的本领。这在常人看来，已经是一大奇迹。

然而没想到，接下来他做出了更加惊人的决定——离开他完全有理由享受安逸的荣军院，回到了当时还很贫穷的沂蒙山老家。

根据他的表现，国家安排他在家乡担任村支书职务。此时已经能够做到生活自理的他，不愿意当一个有名无实的村支书，更不愿意成为父老乡亲的拖累。

于是，他不顾伤口的疼痛，拖着残躯，无数次地在山上沟下摔打，为的就是给乡亲们找到一条致富之路。虽然没有学过什么文化课程，可他的脑袋不笨，他想到了修路、种果园的致富道路。

功夫不负有心人。他带领着乡亲们开山修路、架桥引水、种树、建果园……直到贫困的山村真正地富裕起来。他这个无手的村支书一当就是三十多年。说起这个村支书，乡亲们无不竖起大拇指，啧啧称赞。

从村支书的位置上退下来后，不甘寂寞的他又给自己安排了另一项更为不可思议的任务——给后代留一份精神遗产。此后，大家看到他时，他总是在埋头写书。事实上，别说写书，就是写字对他来说都是一项巨大的考验。可是，他硬是做到了——他用嘴咬着笔写字，用残臂夹着笔写字，用嘴、脸和残臂配合笨拙地翻字典。常常写上几十个字，都要累得浑身是汗。

要知道，从未上过学的他，仅仅在荣军院的习字班里学会了几百个字，虽说他后来一直在坚持读书看报，但文学素养还是难以和一个作家相提并论。

很多人都不相信他凭借那样的文化功底、那样的身体条件，还能够写作，也有许多知情者劝他别自讨苦吃了。可他写作的信心毫不动摇，硬是花了三年多的时间，七易其稿，写出了令著名军旅作家李存葆都惊叹的三十多万字的撼人心魄的小说——《极限人生》。

他就是中国当代的保尔·柯察金——特残军人朱彦夫。

没有双手、双腿残疾、视力仅有0.25的朱彦夫，硬是凭着自立、自强的渴望，凭着挑战命运的坚韧与执着，打碎了生活中的一个个"不可能"，以无手之臂书写了传奇人生，留下了生命熠熠闪光的篇章。就像他那部小说的名字一样，他打破了人生的许多极限，创造了生命耀眼的辉煌。

其实，谁都可以像朱彦夫那样，只要勇敢执着，信念在握，虔诚地努力向上，有些极限是完全可以被超越的，有些奇迹完全可以在拼搏中诞生。

■ 撰文/崔修建

勇 敢人生 / Brave Life

向上帝"借"一双手，撑起自己的那片天。勇者的字典里永远没有"不可能"三个字。苦难，只是懦弱的人逃避的借口，不是勇者脚下的障碍。以积极的心态面对人生，以勇敢执着的斗志和苦难拼搏，你就是成就自我的上帝。

培 养策略 / Training Strategy

现实生活中总是有这样或那样的事让孩子陷入困境，这时家长的帮助尤为重要。那么如何帮助孩子正确面对困境呢？这不仅需要家长在孩子面临困境时给予充分的鼓励和鞭策，还需要日常的一些磨炼，比如根据孩子的特点有意识地创设一些障碍情景，培养孩子分析问题、解决问题的能力，使他们在面临困难时能够勇敢面对，迎难而上。

用勇气为自己撑起一片天空

■ 路德维希·凡·贝多芬 Ludwig Van Beethoven
用心聆听音乐

德国音乐家贝多芬出生在莱茵河畔一个贫穷的家庭。他在很小的时候就表现出音乐天赋，在音乐界崭露头角。直到二十六岁前，贝多芬的音乐事业一直处于不断上升的状态。不料，此后厄运降临了——他的听力开始下降，直到最后完全失聪。这简直是致命的打击，但他没有倒下，而是以过人的勇气和惊人的毅力成就了伟大的事业。

■ 杰克·韦尔奇 Jack Welch
全球第一CEO

杰克·韦尔奇出生在美国马萨诸塞州萨兰姆市。他从小身材矮小，还有点口吃，为此他很自卑。后来在母亲的鼓励下，他开始勇敢地面对现实，并通过不懈努力不断改变自己。1960年，韦尔奇在伊利诺伊大学取得化工博士学位，并以工程师的身份加入通用公司。之后他又凭借非凡的勇气和努力，成为通用公司CEO，并带领通用公司成为世界级大公司。他也因此被称为全球第一CEO。

■ 司马迁 Sima Qian
忍辱著《史记》

司马迁是西汉著名的文学家、史学家。他因为学识渊博，博古通今，被汉武帝任命为太史令，负责编写史书。不料，他中途因替李广之孙李陵辩护，触怒了汉武帝，受到"腐刑"，并被关入大牢。面对如此奇耻大辱，司马迁勇敢地承受下来，并坚持完成了中国第一部纪传体通史——《史记》。

小拇指

一个矮小瘦弱、经常被哥哥们欺负的孩子，在关键时刻却挽救了六个哥哥的生命……

从前有个伐木工，他养了七个男孩。最大的不过十岁，而最小的都有七岁了。这是为什么呢？因为伐木工的妻子生了几对双胞胎。要抚养这么多孩子让伐木工夫妇很是发愁。

更使他们发愁的是，最小的孩子很瘦弱，而且不爱说话，在家里常常受哥哥们的欺负。他个子矮小，刚出生时还没有拇指大，所以大家都叫他"小拇指"。

有一年，年景很不好，伐木工已经无力抚养七个孩子了。于是，他和妻子商量把孩子们扔到森林里。

伐木工的妻子很舍不得孩子们，但因为生活窘迫，不得不哭着同意了丈夫的要求。他们的谈话被小拇指听到了，他非常伤心，一夜都在苦苦思索着应该怎么办。

第二天一早，小拇指悄悄地到河边捡了许多白色的鹅卵石，他把鹅卵石藏在身上，然后回到了家。这时，伐木工对孩子们说道："我们该到森林里拾柴火了。"

他们一起来到一座茂密的森林。伐木工开始伐木，孩子们帮着捆绑树枝。正当他们干得起劲时，爸爸妈妈悄悄地离开了。

不多久，哥哥们发现爸爸妈妈不见了，就大哭起来。只有小拇指非常镇定，因为他已经沿路撒下了鹅卵石。

他说："哥哥们，别害怕。我知道回家的路。"随后，小拇指带领哥哥们沿着撒下鹅卵石的路回了家。

到了家门口，他们听见爸爸在屋里说："太好了！庄主终于记起还咱们的十元钱了。老婆子，你快出去买点肉，咱们填填肚子啊！"

伐木工的妻子听了突然大哭起来："如果孩子们在就好了，他们太可怜了！"

伐木工听了妻子的话，也悲伤起来，他低声说道："也不知道孩子们现在在哪里……"

孩子们在门外听到了，一起高声叫起来："我们在这里呢！我们在这里呢！"

伐木工的妻子高兴极了，连忙出去买了肉。等饭做好后，伐木工一家人高高兴兴地吃起来。他们真希望这种快乐能一直延续下去。但是，这点钱很快花光了。伐木工夫妇只好再次决定把孩子们遗弃，他们打算把孩子们带到更远的地方去。

虽然伐木工和妻子是在深夜商量这件事的，但小拇指还是听到了他们的对话。

第二天，他早早地起来准备去捡鹅卵石，但那天大门却上了锁。正当小拇指急得团团转时，妈妈给每个孩子拿来了一块面包，并告诉他们要出发了。小拇指没办法，只好用面包屑代替了鹅卵石。

这次，爸爸妈妈把孩子们带到了一座更茂密、光线更暗的森林。他们和上次一样，悄悄溜走了。小拇

指发觉后并不担心，他认为面包屑可以把他们带回家。但不幸的是，地上连一点面包屑也找不到了——鸟儿把它们都吃光了。

七个兄弟在森林里不停地走啊走，天色渐渐暗了下来，他们又饿又怕。突然，他们看到森林尽头有一座屋子亮着灯，便一起朝那边走去。

屋子里有一位妇女，她听到孩子们的敲门声，便走了出来。这位妇女其实是一个妖精的妻子，但她的心并不坏。所以当她看到七个可爱的孩子时，不禁失声大哭起来："哎，可怜的孩子们，你们知道这是什么地方吗？这是吃小孩的妖精的家呀！"孩子们听了，吓得瑟瑟发抖。他们央求妖精的妻子救救他们。

妖精的妻子想：我可以瞒着丈夫把孩子们藏到明天早上。所以，她就让孩子们进了屋，并带他们到炉边取暖。炉子上正烤着一只羊，那是妖精的晚饭。

忽然，传来一阵砰砰砰的敲门声——妖精回来了！妖精的妻子马上把孩子们藏到床底下，然后就去开门。妖精一进门就大吃大喝起来。突然，他对妻子说闻到了生肉的味道。

"你闻到的生肉味儿也许是我刚才宰的那只小羊吧。"他妻子假装镇定地说。

"我再说一遍，我闻到生肉的味道了，"妖精斜眼瞅着他的妻子说，"家里一定藏着什么东西。"他一边说着，一边从座位上站起来，向床边走去。

孩子们被发现了！他们跪在地上不停地求饶，但妖精不仅没有可怜他们，反而拿来一把刀，准备把他们做成美味佳肴。

"你要干什么？难道明天不行吗？"他的妻子忙说。

"住嘴！"妖精说，"今天宰了他们，这肉才又嫩又香。"

"可是，你还有那么多肉没有吃呢。你看，这里有一头小牛，两只绵羊，还有半只猪。"

"那好吧！"妖精想了想说，"让他们先吃点饭，然后叫他们去睡觉，免得饿瘦了。"

妖精的妻子暗自高兴，她赶忙给孩子们做好了饭。但是，由于极度的恐惧，他们并没有吃多少。而妖精呢，他一想到明天有那么多美味，心里就非常高兴，便放开肚子比平时多喝了十二杯酒，最后跌跌撞撞地去睡觉了。

妖精有七个年幼的女儿，她们和妖精一样吃鲜肉、喝鲜血。现在，她们已经睡着了。七个女孩睡在一张大床上，每人头上都戴着一个金色的花冠。这个房间里还有一张同样的床，妖精的妻子便让小拇指他们睡在那张床上。

借着月光，小拇指发现每个小妖精头上都戴着花冠。他想，妖精也许会后悔没有杀掉他们。于是，他偷偷地把自己和哥哥们的帽子与小妖精的花冠调换了。

果然，半夜妖精酒醒后，很后悔没有把这些孩子宰掉。

他跳下床，拿起大刀摸索着来到女儿们的房间。他走到七兄弟睡的床边，正要下手，却触到了花冠，忙说："啊！差点闯下大祸！昨晚我真是喝多了。"说完，他便走到另一张床边，摸到了女儿们头上的帽子："哈哈，这次不会错了！"说完，他动手杀死了七个女儿，然后心满意足地回去睡觉了。

妖精当然不知道，这一切都被机智的小拇指看到了。等他确定妖精再次睡熟后，便叫醒哥哥们，一起蹑手蹑脚地逃了出去。

第二天早上，当妖精的妻子去看孩子们时，却发现自己的七个女儿正躺在血泊中，顿时晕了过去。妖精见妻子迟迟不回来，便亲自去查看。他见到那样的场面后，一下子惊呆了。

"我要找他们算账！"妖精气愤地说。他马上唤醒妻子，对她说："快把我的七里靴拿来，我这就去把他们捉回来！"妖精在七里靴的指引下，奋力朝七兄弟逃跑的方向追去。

可怜的孩子们跑了一夜，他们又累又怕，不得不藏到附近的一个岩洞里休息。小拇指则躲在洞口，观察着外面的动静。妖精跑了好久也没有发现七兄弟的影子，便一屁股坐在了一块岩石上，而孩子们正好藏在那里。妖精因为极度疲惫，不久便沉沉地睡去了。

小拇指忙叫哥哥们先离开，他则脱下妖精的七里靴穿到自己脚上。因为七里靴是一双魔靴，能随脚的大小而改变，所以它们牢牢地套在了小拇指的脚上。

小拇指飞快地跑到妖精家，对妖精的妻子说："你的丈夫被一伙强盗抓了，如果他不把全部金银珠宝献给强盗，他的性命就保不住了。"

为了使妖精的妻子相信他的话，小拇指接着说："因为事情紧急，他让我穿上他的七里靴赶回来。你看，靴子就在我的脚上。这样不但可以跑得快些，而且你也不会怀疑我是骗子了。"

妖精的妻子听了这些话，更是惊慌失措，立刻把家里的全部财宝都交给了小拇指。

小拇指拿着妖精的全部财宝前去和哥哥们会合。最后，他们在神奇的七里靴的带领下回到了家。从此，一家人幸福地生活在一起，再也没有分开过。

■ 撰文/夏尔·佩罗　　■ 编译/谢露静

勇 敢人生 / Brave Life

小拇指用他的实际行动向我们展示了智谋和勇敢在解决困境时的重要性。只有智勇双全的人，才能摆脱困境、化险为夷。

培 养策略 / Training Strategy

面对困难需要的是勇气，而解决困难需要的是智慧。家长在培养孩子勇敢地面对困难时，还要让孩子学会运用智慧解决困难，即找到最合理的解决方法。有些困难家长可以通过设想来提前告知孩子。比如，家长可以告知孩子一些应对火灾、地震等突发灾害的策略。积累了很多这样的经验后，孩子遇到实际困难时就能够举一反三了。

校长向我道歉

● 对于学生而言，校长是一种权威的象征。而这样的权威人物，
为什么会像一个"坏"学生道歉呢？

不知道从什么时候起，我成为学校里出名的捣蛋鬼。以前我虽然是个
笨蛋，但可不是个坏蛋；那么现在的我呢，班主任安娜是这样评价
的："这个留级生不但很笨，还是个流氓。"

以前老师训我时会问："你不害羞吗？"我会低下头说："害
羞……"可现在我会满不在乎地撇撇嘴，告诉她："不！"

我知道应该做一个善良的人，可是在学校里我可办不到，反正老师从
没这么要求我，他们只想要我乖乖的……

这天，班主任安娜一脸不高兴地走进教室。班长喊"起立"后，我们
整齐地站了起来，每个人都挺得像棵白杨树。

"坐下！"安娜说，"现在开始写作文，题目是《如果我是一位教
师》。今天的作文我不评分，因为这是给《少先队真理报》的征文。"

"假如我不想当老师呢？"我发誓，我是很认真地提出这个问题的。

"安德烈，没有哪个学校会请你去当老师的！"安娜气愤地说，"你
不写也没关系！"

虽然她那样说，但我还是随心所欲地写了，大概有很多错吧。我写道：

学校不应该是现在这样的，要完全相反才对。比如说像我下面写的这样：

我一走进校门，所有看见我的老师都非常高兴。

"亲爱的安德烈，你好！"他们笑容满面地向我招手。

"你们好！"我没有停下脚步，一脸严肃地说，"把校长叫过来！两
天没见到他了，难道又跑出去玩了？"

没过多久，校长跑过来，一副惊慌失措的样子，他不敢看我，低着头

问："安德烈，是你叫我吗？"

我生气地点点头，说："跟我去教室！"校长跟我走到教室门口，就站住了，不敢进去。

"你看看，老师们又不遵守纪律了，课堂被他们搞得一团糟。昨天彼得居然被地理老师尤利雅叫'糊涂虫'，这就是你们的教学方法吗？"我呵斥道。

校长难过地耸耸肩："唉，安德烈，我已经劝过她无数次了。请你体谅她一些吧，她最近遇到了一些麻烦……"

"就这样吧……"我长叹一声，"你用哭丧着脸的时间去钻研一下教育学。对老师来说，最重要的是做善良的人，关心爱护学生……"

"是的。"校长非常顺从地回答，然后我挥挥手让他出去了。

第二天是星期天。一大早，我就从阳台上看见校长从学校出来，边走边查看房子的门牌号。

看到校长推开我家的小篱笆门、走入院子时，我吓得一骨碌躲到了桌子下面。

"他一定是来告状的。还好现在家里没人……"我

未来成功人 10Q 全商培养

心想。

　　"安德烈!"校长的喊声传来,"你在家吗?请让我进来。"

　　我没吭声。

　　等了一会儿,他又喊道:"你的作文我看了!你听见了吗?"

　　我还是不回答。

　　"安德烈!"他的声音听起来有些伤心,"我赞同你的一些意见……你在吗?"

　　"我是不会开门的!"我忍不住大声说。

　　"我曾经也希望,"他轻轻地说,"没错,我应该把工作做得更好些……让孩子们觉得跟我在一块儿非常有意思……我努力过,但不怎么成功……你懂吗?"

　　"跟我有什么关系?"我在窗帘后面叹了一口气。

　　"当然有关!"他回答,"你说要老师爱学生……"

　　"没错,"他突然说,"你表现得不好,我有责任,应该向你道歉。我也觉得,学校应该像学生们的第二个家……"他在我家门口的台阶上,忧郁地抽着烟,不再有威严校长的样子,看起来跟那些普通人一样。

■ 撰文/索洛姆斯　■ 编译/刘国华

勇 敢人生 / Brave Life

　　不是每个人都能够承担起属于自己的那份责任,这不仅需要一种责任感,更需要莫大的勇气。校长的责任是为学生营造一个积极健康的学习氛围,使其快乐成长。正是秉承这样的责任感,校长才能够鼓起勇气向一个"坏"学生道歉。而一个勇于承担责任的人,是最勇敢的,也是最值得敬佩的。

培 养策略 / Training Strategy

　　勇于承担责任也是胆量培养的重要内容。家长要让孩子从小就懂得责任的重要性,并鼓励孩子勇敢地承担起那份属于自己的责任。比如在学习上,家长要让孩子明白,这是他学生时期的责任,他是在为自己学习,而不是为了别人学习。只有好好学习,才是对自己负责。

被打碎的花瓶

小磊的爸爸是一个古董爱好者，在家里放着许多古董花瓶和字画。爸爸对这些古董简直视如珍宝，从不让小磊靠近。可是有一天，小磊不小心打碎了一只明清时期的珍贵花瓶。小磊一下子慌了神，想到爸爸暴跳如雷的样子，他不知道如何是好。同学们，你快帮小磊出出主意吧！

■ 你的建议 /

A.不管爸爸怎样责备，都应该跟爸爸承认错误，然后再试着去弥补自己的过错。

B.无论爸爸怎么问，千万别承认是自己打坏的，这样爸爸就没办法责备你了。

C.就说是妈妈弄坏的，让妈妈来解决这个问题。

■ 点评 /

选A的同学：

你能够勇于承认自己的错误，还愿意对此承担责任，真的是又勇敢又有责任心呢！很值得表扬。

选B的同学：

你这样做也许能够逃避爸爸的责备，可撒谎是个很坏的习惯哦！与其毁掉自己的诚信，不如勇敢地承认错误，说不定会得到爸爸的原谅呢！

选C的同学：

也许妈妈真的能够帮你解决掉这个问题，可你这样推卸责任，是既不负责任又不诚实的行为哦。

所以A是最佳答案。

■ 专家悄悄话 /

谁都不愿意当一个懦弱的人，都希望自己足够勇敢。但怎么做才算得上勇敢呢？不仅仅要在困境中挺身而出，还要在责任面前勇于承担。同学们，千万不要把承认错误当成一件小事，一个人是否勇敢，往往体现于此。

2 挑战"不可能"

——亮出你的胆识

　　所谓胆识，就是胆量加见识、知识。可以说，任何一个人的成功，都离不开非凡的胆识。真正的勇敢从来都不是建立在盲目的基础上的，它需要以长远的眼光、精准的认知、扎实的知识等为前提。只有这样的人才能获得最终的成功，也只有这样的人，才可以称得上有胆识的人。

布鲁斯和蜘蛛

● 在经历六次的失败后，苏格兰国王是否该继续下去？这时一只
蜘蛛帮他做出了正确的选择！

从前，苏格兰有位特别勇敢的国王，他的名字叫罗伯特·布鲁斯。他那个年代战争不断，为了保证国家的安宁，他必须不停地打仗。

有一年，布鲁斯刚从别的战场上归来，就碰上英格兰国王向他宣战，号称要把他赶出国土。英格兰大军快速侵入苏格兰境内，布鲁斯还没来得及休息，就再次率领部队前去抵抗侵略者。这次英格兰大军准备充分，武器精良，尽管布鲁斯和他的部下都非常英勇，但还是抵挡不住英格兰军队的进攻，连连战败。

第六次被英格兰打败后，布鲁斯手下的士兵已经所剩无几，将士们都变得十分沮丧，有人甚至拿着亲人的画像哭起来，认为再也无法回家了。苏格兰国内的人民也一样忧虑不安。无论从哪个角度来看，他们都是死路一条。

英格兰国王当然是抓住机会，乘胜追击，大军日夜追杀布鲁斯和他剩余的部队。为了躲避英格兰军队，布鲁斯带领将士们藏进深山里一个极其偏僻的地方。

身为国王的布鲁斯，比任何人都感到筋疲力尽。一位国王不会因为身上的伤口倒下，却会被精神上的压力击垮。

布鲁斯一动不动地躺在冰冷的山洞里，心里却是暴风骤雨般不平静。他反复地想着："怎么办？这是第六个败仗了。难道失败就是我的命运？如今我身负重伤，我的部队也寥寥无几，我真是一个失败的国王，我的国民肯定对我完全失望了。我是不是应该接受命运的安排，就这样放弃算了！还是……竭尽全力再试最后一次呢？"

就在他反复思考自己还有没有能力再试一次的时候，一只蜘蛛爬进了他的视线，在他头顶上摆出织网的架势。这只蜘蛛开始慢慢地、小心谨慎地辛勤劳作。它尝试把那些细细的蛛丝从这边的横梁系到那边的横梁上去，可是两根横梁间的距离太长，而它的丝似乎也缺乏韧性，它一连试了六次，每次都在接近终点的重要时刻掉了下来。

"可悲的小东西！"布鲁斯忍不住叹息道，"你也尝到失败的滋味了吧。"

但布鲁斯惊讶地发现，这六次的失败并没有让蜘蛛灰心，而是更加小心翼翼地开始第七次尝试。

布鲁斯目不转睛地盯着蜘蛛的第七次努力，把自己的烦恼都抛到了九霄云外。他忍不住为蜘蛛的命运紧张，心跳得像战鼓擂动，口中轻声念道："这一次它会失败吗？"

那只蜘蛛挂在细丝上使劲一摆，终于成功地落在了横梁上，那根丝也被它带到了横梁上，结结实实地系在那儿了。蜘蛛经过七次努力终于成功了！布鲁斯被这一幕深深地震撼了，他觉得那只蜘蛛好像就是胜利在望的

自己。

布鲁斯在心里做了决定，他大喊起来："我也要做第七次尝试！"

他从地上站了起来，拍掉身上的尘土，然后把全体士兵重新召集在一起。

"战士们，现在还不是放弃的时候，我们必须重新振作起来，誓死保卫我们的国家！"布鲁斯向部队大声宣布道。

接着，他讲述了一个周密的作战计划，并且派士兵们把这激励人心的消息带给他那些心灰意冷的臣民。整个苏格兰都好像从死里复活一样，充满了朝气与斗志。没过多长时间，布鲁斯重新拥有了一支英勇的苏格兰军队。

在第七场战斗中，布鲁斯和苏格兰军队比以往任何一次都更加勇猛，更加不遗余力。这一次大战，他们取得了胜利，把英格兰国王和他的军队赶出了苏格兰的国土。

■ 编译/孙晓华

勇敢人生 / Brave Life

成功的道路并不总是平坦的，说不定什么时候，困难就会不期而至，给我们带来无情的打击。这时，是继续尝试，还是放弃努力，决定着最终的命运。继续尝试，就有成功的希望；而放弃努力，就意味着彻底失败！布鲁斯用他的实际行动告诉了我们正确选择。

培养策略 / Training Strategy

孩子的内心十分脆弱，很难接受失败，但面对失败又是人生的必修课。因此家长应积极引导孩子：一方面要鼓励他们勇敢地面对失败，只要不断努力，必定会获得成功；另一方面要告诉他们失败是具有积极意义的，值得庆幸。比如一向勤奋的孩子考试时没考好，家长要告诉孩子，这其实在提醒孩子对知识的掌握还不够牢固或方法有待改进，只要找出问题所在，好成绩指日可待。

体育考试

在一次体育考试中，同学们都顺利通过了所有项目，只有小勇有三个项目不及格。同学们都笑话小勇柔弱得像个女生，这让小勇十分沮丧。回家后，爸爸对小勇说了一番话，让他豁然开朗。你觉得爸爸应该对小勇说什么？

■ 你的看法 ╱

A.以后再体育考试时，你就装病，这样老师就不会为难你了。

B.考试失败怕什么，振作起来，只要多加强锻炼，就不会被考试难倒了。

C.你体质不好，考不好是正常的，不要难过。

■ 点评 ╱

选A的同学：

你有点小聪明，可是躲得了一时，躲得过一世吗？还是努力想个解决的办法更好些。

选B的同学：

你能这样想说明你很勇敢，没有被困难吓倒，相信你的努力一定不会白费的！

选C的同学：

体质不好确实会影响体育水平，可它是可以通过锻炼改变的。如果你总是把它当成借口，只能说明自己不愿意去改变现状，或者缺乏改变的勇气。

所以B是最佳答案。

■ 专家悄悄话 ╱

在人的一生中，每个人都会或多或少地遇到一些难题，不能因为遇到困难就退缩，或怀疑自己，这样只会让自己陷入更大的困境。只有勇敢地挑战自己的不足，并配以恰当的方式，才能彻底摆脱困扰。

成功开始于哪里

● 心动不如行动，无论多么精彩的设想最终都需落实于行动。你能做到这一点吗？

有一位女士突发奇想——她想写一本大部头的书。这本书应该充满人生阅历，充满哲理和智慧。

说干就干，她立刻去买了一大摞稿纸，五十支铅笔，还有一个锋利的卷笔刀。

她的丈夫和孩子们可就惨了，说话得耳语，走路得踮脚尖。他们谁也不敢影响她的创作。

瞧这位女士，端正地坐在摆得整整齐齐的一叠稿纸前，顺手拿过一支铅笔，用卷笔刀仔细地削出又尖又长的笔尖。

她边削边思索着开头第一句话该怎么写。

不知不觉间，一支新铅笔已经被削成了铅笔头，而她的第一句话还没有着落。

她又开始削第二支铅笔，依然绞尽脑汁地想着第一句。

渐渐地，第三支、第四支也被削成了铅笔头，可她面前仍是一叠空白的稿纸。

终于，五十支铅笔都被她削完了，地上到处都是木屑和铅笔头，可这位女士苦思冥想了很久的第一个句子，依然没有诞生。

她只能去买更多的铅笔，来继续她的创作。

对于新买的铅笔，她仍然只是削呀削呀，先后总共削出了六千五百一十二个铅笔头，足足用去了差不多三个礼拜的时间，可第一个句子还是没有诞生。

然而她成了一项新的世界纪录的创造者：这项削铅笔的轶事登上了世界吉尼斯大全。

信不信由你，报纸上已经报道了呢。

■ **撰文**/乌尔苏娜·韦尔芙尔　■ **编译**/李珊珊

勇 **敢人生** / Brave Life

临川羡鱼，不如退而结网。无论多么精彩的设想，如果不付诸行动，那么终究也只会像文中的女士那样，永远也达不到预期的目标！

培 **养策略** / Training Strategy

培养孩子的行动意识，是锻炼孩子胆识的重要内容。比如，当孩子到了一定年龄，要锻炼他独自去上学、回家，而不能总是由家长接送。面对第一次，孩子总是恐惧的，这就需要家长的放手和鼓励，让孩子迈出关键的一步。在这样的锻炼中，孩子会对自己有全新的认识，有利于增强孩子的信心和勇气。

你是个天生的行动派吗?

你因为有事急着要上楼,可赶到电梯前时,发现电梯刚刚上去,你只好等待下一部电梯来。在等待的过程中,你会做些什么动作呢?

■ 你的做法 /

A.不断地按电梯按钮。
B.看电梯旁边的电视作消遣。
C.紧紧地盯着显示电梯位置的灯。
D.在电梯口旁走来走去。
E.低着头,无意识地看着地面。

■ 测试结果 /

选A的同学:

你绝对是一个天生的行动派。一想到什么事情,马上就要去做,一刻都不能等。这种勇敢的闯劲儿很值得表扬。不过,在时机不成熟的时候,这样就显得有点焦躁了哦。

选B的同学:

你是一个随时不忘接收资讯、充实内在的人,你大部分时候敢于将想法付诸行动。可是你不太热衷人际关系,总给人一种冷漠的感觉,这也是一种内心胆怯的表现哦。

选C的同学:

你是最谨慎的行动派,既勇敢,又用心。这样的你,不仅敢于行动,更是颇为用心,很少鲁莽行事。即使面对突发情况,你也可以按自己的步调,做自己该做的事。

选D的同学:

你是一个直觉很敏锐的人,常常能凭直觉判断出事实的真相。所以,你能否付诸行动,往往取决于你的直觉。当然,这样多少显得有些武断,最好还是以事实为依据吧!

选E的同学:

你完全称不上行动派,因为你是个很消极的人,心里总是有很多顾虑,这大大影响了你的行动力。你即使行动,也大多是迫于外界的压力,而并非出于自愿。勇敢一点,把想说的说出来,按自己的想法去做吧!

传媒大亨默多克的故事

● 没有默多克的冒险精神，就没有传媒帝国的出现！那么，
默多克是怎样冒险的呢？

基斯·默多克是澳大利亚《先驱报》和《新闻周刊》的董事长，拥有四家报纸。1931年，他唯一的儿子鲁伯特·默多克在澳大利亚的墨尔本出生了。

许多富家子弟都在父母的溺爱下，养成了骄纵蛮横的个性。但默多克非常幸运，因为他的母亲伊丽莎白在教育孩子方面有自己独特的一套。伊丽莎白为小默多克在花园里盖了一间属于他自己的小木屋，他从小就不和父母住在一所房子里。这培养了他的独立性，使他很小的时候就不再依赖父母。

默多克长到十岁，伊丽莎白又把他送到寄宿学校读书，使他进入一个更加独立的空间。默多克很争气，从来没有让父母失望。在校期间，默多克不仅成绩优秀，知识丰富，还养成了独立思考的好习惯。

1947年，十六岁的默多克开始参与校园活动，加入学生社团，并逐渐崭露头角，成为学校里备受瞩目的风云人物。

也许是受父亲的影响，默多克担任了校报的编辑，大概那时他就萌发出做传媒的想法了。

1952年秋天，默多克的父亲突发心脏病过世。当时二十一岁的默多克还在牛津大学念书。

第二年，二十二岁的默多克返回澳大利亚，继承了父亲的事业。这位年轻的董事长所做的第一件事就是考察公司，他发现公司存在许多资产问题，几家报纸都陷入财政危机，非常棘手。于是，他果断地决定改革，对公司进行了一系列让人觉得不可思议的复兴计划。

　　《阿德莱德新闻报》在默多克的父亲管理时，只是一份默默无名的地方性小报，公司的高管们从未把它看在眼里。然而，年轻的默多克却发现了它能够迎合大众市场的独特之处。

　　刚开始改革的时候，定新闻标题、写文章、设计版式、检查排版这些事情，默多克都亲力亲为。例如，"皇后吃鼠"这一耸人听闻的标题就是出自于他的手笔。总之，任何可能影响报纸品质的细节他都不放过。

　　每一天，默多克都在疯狂地工作，他力排众议，坚持以自己超脱常理的方式运营公司。一分耕耘一分收获，在他的勤勉努力下，企业逐渐步入正轨。傲人的佳绩为年轻的默多克赢得了公司董事和员工的认可。

　　年轻的默多克在这次改革中，深入管理每一项工作，学会了负责任；能亲身经历错误，从中学到东西，也成为他成功的秘诀。

　　看到父亲公司的这几份报纸渐渐开始赢利，默多克对自创的运营方式也信心大增。

　　他不愿意仅仅维持父亲的公司，想要将这种模式广泛地应用到其他报纸上，于是他决定对其他报纸进行收购，扩大自己的传媒规模。所以当他听说珀斯市的《星期日时报》濒临倒闭时，立刻筹措了四十万美元，毫不犹豫地收购了该报。

随即，默多克运用自己的运营方式，使《星期日时报》脱胎换骨。当报纸以大胆鲜明、色彩丰富的崭新姿态呈现在珀斯市民面前时，发行量急速攀升，企业扭亏为盈。

在本国取得成功后，默多克开始向文化和传媒行业更为进步的英国发展。他收购了《世界新闻报》、《太阳报》、《泰晤士报》等报纸，采用耸人听闻的报道形式，提供受公众欢迎的咨询。为了迎合读者口味、增加报纸的发行量，默多克甚至将各种丑闻登上报纸。当然这也使他受到了许多质疑。

接下来的几十年，默多克一手缔造了自己的传媒帝国——新闻集团。新闻集团目前是世界上最大的跨国媒体集团，涉足报业、广播、影视、网络等领域。

■ 编译/肖琭珺

勇 敢人生 / Brave Life

成功人士往往具有敏锐的眼光，能够发现别人发现不了的机会。但最重要的是，他们具有大胆尝试的魄力，不放弃任何机会。故事中的默多克之所以实现从富家子弟到成功商人的华丽蜕变，离不开他过人的胆识和远见。

培 养策略 / Training Strategy

从默多克身上，我们能够发现，他的冒险行为并非是盲目的，而是以正确的见识为基础的。那么我们怎样才能具有正确的见识呢？除了努力掌握各种知识外，还要使自己的眼光变长远。比如，有的同学因为作弊，考了好成绩，我们绝不能因为一时的羡慕而学人家作弊。我们要想到以后还有无数次考试，不能全靠作弊来完成，只有踏踏实实地学好知识，才是掌握未来的好办法。

用过人的胆识规划人生

■ 弗拉基米尔·普京　Vladimir Putin
勇敢地向目标迈进

　　俄罗斯总统普京在十六岁时，一心想加入克格勃。为了实现目标，他报考了列宁格勒大学的法律系。大学入学考试时，柔道教练力举他去报考列宁格勒金属工厂附属高等技术学校。父母担心他考试失败不得不去服兵役，劝他接受推荐。可普京毅然放弃推荐，勇敢地朝自己的目标迈进，后来终于进入了克格勃，为日后从政奠定了基础。

■ 威尔逊　Wilson
充满信心去冒险

　　二战结束后，美国人威尔逊赚了点钱，他打算用这笔钱做地皮生意。当时，在美国很少有人从事地皮生意，这种没有前车之鉴的投资行为无异于冒险。可威尔逊认为，随着经济的复苏，地价一定会迅速增长。于是他不顾家人的反对，大胆地投资了一块无人问津的荒地。结果，事实证明了威尔逊的胆识。不出三年，那块地皮价格倍增，威尔逊趁机在那里盖起了汽车旅馆，获益颇丰。

■ 拉里·埃里森　Larry Ellision
大胆地抓住机遇

　　硅谷首富埃里森小时候是个个性执拗的"坏孩子"，但他做事时十分专注，并且很有经商天赋。上学时，他就因为倒卖邮票成为班里最富有的人。成年后，在一次偶然中，埃里森发现数据库具有十分广阔的前景，于是他不顾世人的批判，成立了"软件开发实验室"，大胆地进行数据库开发。最开始由于他们的软件不够完善，遭到了人们的嘲笑，但他仍然坚持不懈，终获成功。

当小燕鸥无法飞翔

● 当生活逼近风霜，就像小燕鸥无法飞翔，你是否也能像它一样
重展翅膀？

出生的时候，海水是暖暖的，白天还比夜色长。我整天都在水面上翱翔，等待有浅浅的鱼影从水下经过。每天都这么快乐地度过。当空气中有了寒意，我就跟同伴一起飞向温暖的南方。等到天气转暖，我们又一起飞回北方。这一切都是很自然的。然而，有一天，我突然不会飞了。熟悉的生活也完全改变了。我慌了起来。

如果一样东西坏了，就一定得把它修好。于是，我马上开始检查自己哪儿出了毛病：翅膀、羽毛、双脚，还是尾巴？我查了一次又一次，但是我根本就没有毛病嘛，哪怕是最小的一根羽毛，都还好好地待在身上！

我绝望地想，一定是身体里面有什么地方受伤了。我的心仿佛一下子掉进了冰窖。作为燕鸥，不会飞还有什么用呢？同伴们滑翔过来，姿态优雅地在我身边着陆。它们奇怪地打量着我，问："你怎么不飞呀？"

"我在寻找埋在沙石下的宝物呢！"我编造借口敷衍它们。

日子一天天过去，我有多久没在天空中飞翔了？曾经熟悉的伙伴们也离我而去了。夜晚，我仰望着天空，看着魔幻的光彩渐次展现。星星成了我的好朋友，现在我跟它们很熟了。我看到过一颗悬挂在东北方天空的星星，它落下，骤然停住，又落下，又停住。我很不解。终于有一天，我问它："你这是在干什么呢？"

它马上低下头，打量了我一番，问："你是在说我吗？"

"是的，你怎么总是落落停停的？"

"哦，我在检查其他的星星，这是我的工作。"

"检查星星？"

"当然，这可不是件容易的差事。你得眼准心细。星星太多了，而且它们总喜欢转来转去。"星星说。

"可是，检查星星又有什么意义呢？"

"意义？"它想了想，"我觉得，一颗星星就要尽到一颗星星的职责。所有的事情都是有意义的。"

"鸟也是吗？"我问道。

"当然，鸟的意义就在于做好一只鸟。"

"我不明白。"我有些沮丧。

"其实我也不太清楚，我只了解星星的事情。我只是观察过鸟，根据这个作出猜测而已。但说实话，我对你的了解一点儿也不比你对我的了解多。"说完，星星就隐没在黑夜中了。

后来，我又见过它很多次。但我知道它忙得很，就没有继续追问。我捉摸着它的话和它的言外之意，却没找到答案。我有些失落：一只不会飞的鸟还能叫一只鸟吗？如果不再是鸟，那我又是什么？是犀牛、河马、人、小虫儿、蟒蛇，还是老鼠？

每个白天和黑夜，我都静静地聆听海浪的声音。我仍渴望会在哪天醒来时，发现自己又冲上了天空。但是时间一长，我也习惯沙滩上的生活了。单调的沙滩生活其实也有着丰富的内容。我收集味道、材质、思想和梦幻，再把它们融合起来，像画家融合场面与情感那样。它们是我的万花筒，我的生活也随之丰富起来。

过了一段时间，我开始希望能有一个朋友。

有一天的破晓时分，我看到一只小螃蟹，它在沙丘的底部挖了一个洞。我慢慢地走过去，唱起歌来，想吸引它的注意。可是小螃蟹只是低头忙着给自己搭建新家，并没有搭理我。

一个灰色的早晨，事情突然有了转机。那时小螃蟹正走在回家的路上，一只海鸥悄悄地盘旋在它的头顶。看来海鸥马上就要冲下来捕捉猎物了！

我一看这情形，赶紧大声叫着冲过去，使劲扑打着翅膀，发疯似的把沙子踢到小螃蟹身上。当海鸥冲下来时，却找不到它的目标了，只好失望地飞走了。小螃蟹从沙子里爬了出来，抬头望着我，眼神里充满了感激："我实在不知道该怎么感谢你。"

我笑了："不用客气。"于是我们成为了好朋友。我们常常并肩站在沙滩上，看着远处的海岸线。我把自己的遭遇全讲给它听。

"原来如此。我早就注意到了，一直觉得奇怪呢。不过这倒不是什么严重的事儿。"小螃蟹回答道。

我一直担心它会因为我的缺陷而疏远我，看着它并不在意的样子，我舒了一口气。看来，我真是交了一个富有智慧的朋友！

"你并没有失去飞翔的能力，只是一时丢掉它罢了。"

"这怎么讲呢？"我很迷惑。

"失去一件东西意味着你再也找不回它了，而丢掉却不同，那件东西其实还在。只要你留心那些你以前不曾留意的东西，你就一定还会把它找回来的。"我琢磨着它的话，试着去弄明白它的意思。那天晚上，我们各做各的事情，但我脑子里一直在思考它的话。第二天，我起了一个大早，因为我有数不清的问题要问它呢。

我在海边静静等着它，却一直见不到它的踪影。迷蒙的雾气卷了过来，我还在徒劳地寻找它。可是，除了笼罩周身的迷雾，别的什么也看不见。真是奇妙！我刚刚还能看到远方，突然间却仿佛变成了盲人。

这时，我忽然想到，我以为已经消失的东西或许就像处于迷雾中一样，它还在那儿，只是我看不见罢了。于是我决定不再等小螃蟹了，而是花时间去做别的事情。当然，如果见到它，我还是会欣喜若狂的。

如果有人问我为什么放弃等待，我还真没法回答呢。但我真的很忙，忙着学习、收集，学习更多、关注更多。用等待来虚度光阴和用等待来充实自己是不同的，或许小螃蟹是想让我知道这两者的不同之处吧！

一天早晨，阳光又打在了海滩上。我突然发现了自己脚边有一个影子。这还真是让人惊讶！我怎么以前从没发现呢？我想，飞翔中的鸟儿身边是没有影子的，只有着陆时才能发现它。看来，许多东西存在着，我们却看不到。一只鸟儿如果看不到它的翅膀的真正价值与意义，那当然是飞不起来的。

我站在海滩上，凝视着自己的影子想了好多。这时候，小螃蟹突然出现在了沙丘那边。它远远地望着我。有些人总是在你意想不到的时候悄然出现！我太高兴了，扇动着翅膀向它打招呼。没想到，这样一来，我的翅膀迎着风展开了，我在海岸上滑翔起来。

"看，我又能飞了！"我欣喜若狂地向小螃蟹喊道。

突然，一个曾经有过的念头又回到在我的脑海里："突然不会飞了"这种事一定也发生在很多鸟儿身上，而且还会发生在另一些鸟儿身上。这是命运给鸟儿们的安排吧！好让它们从中获得足够的磨炼与智慧，从而飞上更高的天空。翅膀已经完全展开了。我回头望去，小螃蟹也正仰望着我。我知道，我们还会再见的。于是，我伸开翅膀，向更高的天空飞去。

■ **撰文**/布鲁克·纽曼　　■ **编译**/李珊珊

勇 敢人生 / Brave Life

现实的残酷、条件的限制，往往使我们无法实现最初的理想。这时候，我们不妨转移视线，大胆地尝试走一条更适合自己的路，说不定会有意外的惊喜。

培 养策略 / Training Strategy

挫折的出现可以使一个人的胆识得到锻炼。家长在鼓励孩子确立梦想的同时，还要教会孩子及时放弃不适合自己的梦想，重新尝试新的选择。比如，孩子一心想当歌唱家，可声带却出现了问题，这时家长就要鼓励孩子勇敢地接受这个事实，大胆尝试其他更适合自己的方向，如与艺术相关的舞蹈、演奏等，这样才是有胆有识的做法。

不幸的车祸

小美是学校里有名的游泳健将，她最大的梦想就是参加国家游泳队。可是，一次意外的车祸，让她失去了双腿，她的梦想再也不能实现了。想到这些，小美感到十分绝望。如果你是小美的好朋友，你会对她说些什么？

■ 你的建议 /

A.不要难过，现在科技这么发达，你可以通过假肢继续游泳啊！

B.你能活下来已经是奇迹，就不要奢望什么梦想了。

C.虽然你失去了双腿，但还有手和聪明的头脑啊，还可以做很多事情。

■ 点评 /

选A的同学：

可以看出来，你很勇敢，不会轻易被困难打倒。可是，真正的勇敢更需要对自己的情况有正确的认识，否则就很盲目了。

选B的同学：

人只要还活着，就可以有梦想。勇敢一点，你可以做得很好！

选C的同学：

你很勇敢，也很有见识，这样的你总是能够从困境中走出来，为自己找到正确的方向。

■ 专家悄悄话 /

在困难面前，我们除了要有面对的勇气外，还要对困难有一个正确的认识。盲目的勇敢有时不但解决不了任何问题，还可能带来严重后果。只有正确认识到困难的根源所在，才能真正摆脱困境。

胆商

051

坚持是成功的敲门砖

● 虽然我们不知道坚持是否可以成功，但我们知道放弃就一
定会失败。

苏格拉底是古希腊时期的大哲学家，有一次，他开办了一个学习班。开学第一天，他对全体学生说，今天我们只做一件事，就是每人尽量把胳膊往前甩，然后再往后甩。

他边说边做示范，然后又要求大家，从今天开始，这个动作每人每天做两百下。

布置完任务后，苏格拉底问学生们：大家有困难吗？

所有的人都笑了，这么简单的事，太容易了。

可是一年下来，班上只剩下一个学生在坚持按照苏格拉底的要求，将胳膊往前甩两百下、往后甩两百下。

这个人就是古希腊历史上的另一个大哲学家柏拉图。

一件看似很容易的事情，坚持下去，就已经很不容易了，更别说是坚持去做很难完成的事情。

但是，在人的一生中，总有许多需要我们咬紧牙关的时候，一旦挺得住，成功或许就近在咫尺。

我有一个文学方面的朋友，多年前从一家棉纺厂下岗后，去一家广告公司求职。

看到一起去应聘的上百号人大都是美院或艺术学院的大学生，他们才华横溢，且有作品得奖，而自己除了爱好文学之外，一无所长。

她不断地问自己：在这种完全没有优势的情况下，我是不是应该选择放弃？

庆幸的是，她最后还是硬着头皮参加了面试。但更幸运的是，公司经理也爱好文学，还读过她的作品。

这一回，她的被录用显然有着许多运气的成分，但这运气很大程度上也因为她的不放弃。毕竟她对广告一无所知。

很快地，她发现了自己与其他创意人员的差距。她的点子经常不能切中要点，等到别人设计出来，她才有一种如梦初醒的感觉。

这使得她的业绩很差，在最初的六个月，她的工资仅仅比勤杂工高。

她准备放弃了，一是觉得自己并不适合这份工作，二是公司总有一些同事因为承受不住工作压力而转行。那份辞职报告就揣在口袋里，她随时都可以拿出来。

她最终没这样做，她不愿就这样输了。

在文学和文案之间，她努力寻找着一个契合点，因为她相信自己有这个能力。

六个月后，她的第一个创意被公司采纳。再一个月后，她为一家大公司创作广告词，竟然被全文采纳。

从此，她的创意点子如火山一样喷发，最终成为一位资深的广告公司策划人员。

也许，坚持不一定可以成功，但放弃就一定会失败。

德国诗人里尔克曾经说过：

"挺住意味着一切。"在一而再、再而三的失败中，认准了目标，选择了坚持，一步步勇敢地走下去，就有了获取成功的机会。

失败了一百次，再咬紧牙关挺一挺，第一百零一次或许就是成功了。因为，成功的大门有时就是被"坚持"敲开的。

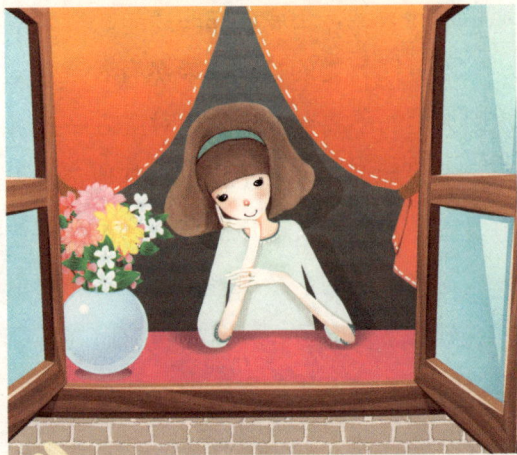

■ 撰文/杨协亮

勇 敢人生 / Brave Life

失败，能打倒懦弱的人，却只会向坚强勇敢的人低头。如果一遭遇失败就放弃尝试，那么他将永远品尝不到成功的滋味；反之，无论失败多少次，都能选择坚持，勇敢地走下去，那么终会抓住成功的机会。

培 养策略 / Training Strategy

失败就像一把双刃剑，它到底会对孩子产生怎样的影响，是动力，还是打击？家长在其中的作用很关键。在孩子面对失败时，家长可以通过一些名人故事或亲身经历鼓励孩子要勇敢振作，不要轻易放弃尝试，并引导孩子找出失败的原因，想出解决的办法，为下一次尝试做好准备。

可可学琴

　　可可一直很羡慕会弹钢琴的女孩儿，于是她也让妈妈帮自己报了钢琴学习班。可是，可可努力学了一周，却连基本的指法都不会。看着别人都已经能弹出简单的曲子了，可可伤心极了，决定以后再也不学琴了。对于可可，你有什么看法？

■ 你的看法 /

A.可可放弃得对，既然学不会，就不要浪费时间了。

B.不管怎样，可可应该再坚持一段时间，实在不行再说。

C.可可应该有越挫越勇的精神，非把钢琴学好了不可。

■ 点评 /

选A的同学：

　　你看似做事干脆，实际上是缺乏勇气，一遇到困难就打退堂鼓，这样怎么能如愿以偿呢？

选B的同学：

　　你能这样想说明你不是一个轻易放弃的人，至少在遇到困难时有再试一次的胆量。正因为如此，你不会轻易错过任何机会。很不错！

选C的同学：

　　你这股劲头和勇气十分值得嘉奖，这样的你总能学到很多东西，加油吧！

所以B、C皆是最佳答案。

■ 专家悄悄话 /

　　每个人在追求梦想的过程中，都会遇到这样或那样的困难和阻碍。这时，最需要的是我们再给自己一次机会，继续努力下去。即使最终无法获得成功，我们也会从中获益匪浅，总比轻易放弃好得多。

脚比路长

● 传说中的卡伦美丽而富饶，不过到那里要历经艰险，对此，
四位王子是怎么做的呢？

古老的阿拉比国坐落在大漠深处，多年的风沙肆虐使城堡变得满目疮痍，人们生存需要的食物也日渐减少。国家要想继续生存下去，只有一条路可走，那就是迁都。

阿拉比国的国王有四个儿子。

一天，国王把四个儿子叫到身边说："我们国家的情况你们已经看到了，除了迁都别无他法。我认真考虑过了，打算将国都迁往传说中美丽而富饶的卡伦。"

"那真的太好了！"四位王子听说将要到那美丽的地方生活，都兴奋不已。

"可是，"国王继续说道，"据说卡伦距我们这里很远很远，要翻过崇山峻岭，要穿过许多草地、沼泽，还要涉过很多的江河，但具体有多远，没有人知道，因为从来没有人去过，所以我们不能贸然前往。我希望你们可以代替我先去该地考察一番，以便我们做好充分的准备。"

"遵命，父王。"四位王子很爽快地答应了国王的要求。

第二天，国王让四个儿子分头出发，试着找寻一条通往卡伦的道路。

大王子是乘车去的。他整整走了七天，翻过三座大山，来到一望无际的草地边。此时已经疲惫不堪的他，一问当地人卡伦的位置，得知过了草地，还要过沼泽，还要过大河、雪山……顿时感到浑身瘫软，当即便调转马头往回走。

二王子是骑马去的。他策马穿过了一片沼泽地后，看到一条宽阔无比的大河。他虽然会游泳，可是一想到自己要游好久，还可能遇到各种

危险，马上就打消了这个念头。他等了好半天，都没见有船来，便策马返回了。

三王子是乘船去的。他漂过了两条大河后，来到了一片辽阔的大沙漠。尽管他一直生活在沙漠中，早已习惯了这样的场面，但他仍然被吓了回来。

一个月后，三位王子陆陆续续地回到了国王那里，将各自沿途所见报告给国王，并都再三强调，他们在路上问过很多人，别人都说去卡伦的路很远很远，简直难以想象，所以希望国王放弃迁都那里的计划。

又过了五天，小王子风尘仆仆地回来了。前面三位王子都嘲笑小王子做什么都比别人慢。

谁知小王子却告诉国王说："父王，我已经去过卡伦了。那里果然像您说的那样，美丽而富饶。最重要的是，它离我们这里一点儿也不远，只要十八天的路程。"

"你简直胡说八道！我们走了那么久都没有到，你竟然说十八天就能到，你一定是瞎说的！"大王子指责小王子道。

谁知，国王此时却满意地对小王子笑了，只听他说："孩子，你说得一点儿也没错，其实我早就去过卡伦了。"

　　三位王子一下子被父亲的话弄愣了，他们不解地望着国王，问道："既然您早就什么都知道了，为什么还要派我们费尽一番周折前去探路呢？"

　　国王一脸郑重地说："那是因为我想告诉你们四个字——脚比路长。未来的路远比去卡伦远得多，如果你们不敢大胆地迈出自己的脚步，那么永远也找不到属于自己的路。"

　　三位王子听了，都惭愧地低下了头。

　　是的，脚比路长，远方无论多远，只怕没有追寻的双足抵达。

　　人生亦是如此，我们不怕目标的高远，只怕没有追寻的勇气、热情、执着……只要心头时时燃烧着坚定的信念，一往无前地行进下去，就会惊讶地发现——很多所谓的远方，其实并不遥远。

■ 撰文/佚名

勇敢人生 / Brave Life

　　脚比路长，因为路是脚走出来的。在没有亲自验证之前，谁又敢说世上有翻越不了的高山、征服不了的沙漠呢？事实上，我们只有具备了勇敢探索、不屈不挠的精神，才能走出人生的理想之路。

培养策略 / Training Strategy

　　生活中，我们总会听到别人说这不可能、那做不到，对此我们首先要有一种质疑的态度：事实真的像别人说的那样吗？并且最好能够亲自去尝试一下，这样才能得出我们想要的答案。比如，有个同学说某道题他怎么都做不出来，肯定是题目出错了。这时你不妨自己试着做一下，只有经过亲自验证，你才可能得出正确的结论。

丹丹学做烤鸭

丹丹非常爱吃烤鸭，可饭店里的烤鸭太贵了。所以，她决定去学做烤鸭，然后自己做着吃，这样就可以省很多钱。可是，初学阶段她笨手笨脚的，不仅经常打坏东西，还常常把鸭子烤煳。师傅虽然没有说什么，可她却不知道是否该继续下去了。同学们，请给丹丹点建议吧！

■ 你的建议 /

A.你这么笨，继续下去也是浪费时间。
B.别对自己要求太高，能烤熟就行了。
C.＿＿＿＿＿＿＿＿＿＿＿＿＿＿＿＿ 。

■ 点评 /

选A的同学：
　　遇到这么点挫折就放弃，太可惜了吧！勇敢点，继续向你的烤鸭努力前进吧！
选B的同学：
　　知足并不是坏事，但如果自己有能力做得更好，为什么不多努力一些呢？
你还有其他建议吗？可以填在C处。

■ 专家悄悄话 /

　　做任何事都不是一帆风顺的，如果一遇到困难就退缩，那么将一事无成。面对困难时，只有不断尝试、不断争取的人，才能获得最终的成功。继续努力吧！

上帝没有让你不出息的意思

● 上帝让你看到你与他人的差距，不是给了你自卑的理由，而是
为了给你奋进的动力。

伊尔·布拉格出生在一个黑人水手家庭，从小就有一种与生俱来的自
卑感。

一次，父亲带布拉格去参观凡·高故居。

看到凡·高生前使用的小木床和裂口皮鞋，他困惑地问道："凡·高
不是一位百万富翁吗？"

父亲回答说："凡·高是位连妻子都没娶上的穷人。"

时隔一年，布拉格跟父亲去丹麦参观了安徒生故居，他万分惊讶地问
道："爸爸，安徒生不是生活在皇宫里吗？"

父亲耐心地告诉他："安徒生是一位鞋匠的儿子，他就生活在这栋阁
楼里。"

在成为美国第一位获普利策奖的黑人记者后，布拉格感慨地说："那
时我们家很穷，父母都靠出卖苦力为生。有很长一段时间，我一直认为像
我们这样地位卑微的黑人是不可能有什么出息的，好在父亲让我认识了
凡·高和安徒生，这两个人告诉我，上帝没有这个意思。"

自卑是每个人都会有的情感，不论是名人，还是一般人。

问题是你是因为自卑而怨天尤人，以至自暴自弃，还是克服自卑、战
胜自卑，从而超越自卑。

看看下面这些都曾经很自卑的名人吧——

德国天才哲学家尼采，自幼性情孤僻，而且多愁善感，又矮又瘦的身
材使他总是有一种自卑感。

他曾追求过一个美丽的姑娘，但因为太笨拙，没有成功，这使他更加

自卑。因此，尼采一生都在追寻一种强有力的人生哲学来弥补自己内心深处的自卑。

中央电视台著名节目主持人白岩松，年轻时从一个北方小镇考进了北京的大学。

上学的第一天，邻桌的女同学第一句话就问他："你是从哪里来的？"这个问题正是当时的白岩松最忌讳的，因为在他的逻辑里，出生于一个偏远的小镇，就意味着没见过世面。也因为这个女同学的问话，自卑的阴影很长一段时间占据着白岩松的心灵，使得他一个学期都不敢和女同学说话。

歌坛"天后"王菲也曾因为觉得自己不聪明而自卑过很多年。十八岁时，她勉强考上福建一所很不出名的大学，但最终没有去上，至今没有一个正式学历。

显而易见的是，曾经的自卑并没有成为他们迈向成功的绊脚石，相反，因为自卑而产生的动力使他们比别人更努力，付出更多，因此，他们收获的也就更多。

他们承认自卑，但没有沉溺其中，而是将自卑化为升华的动力，通过努力奋斗，为自己争取来了知识、地位和声誉。

所以，曾经有过自卑的经历并不可怕，可怕的是身陷自卑的泥沼而不能自拔。

上帝对待每一个人都是平等的，并没有让别人出类拔萃，而让你默默无闻的意思。上帝在给你关闭了一扇门的同时，也必定会为你打开一扇窗。

如果你还在因为自身的不足甚至是缺陷而自卑，那么就请从现在开始忽视它、漠视它，这并没有什么大不了的，只要敢于正视它、直面它，你完全可以靠自身的努力和奋斗、信心和勇气，使自己成为一个优秀的、出息的人。

■ 撰文/杨协亮

勇 敢人生 / Brave Life

也许你也曾因为长相、身高，甚至家庭状况而自卑，但自卑并不是你消沉的理由，勇敢地跨过面前的障碍，你才能领略远方的风景。摔跤，让我们走得更稳；风雨，让我们变得坚强。大胆地试着迈出自己的脚步，我们才能真正成长起来。

培 养策略 / Training Strategy

在很多孩子的成长过程中，都伴随有自卑的经历。对于家长而言，带领孩子走出自卑的最好方式，不是训斥，不是搀扶，而应是鼓励。比如，孩子学习自行车，家长不能因为担心孩子摔跤而一直扶着车子，而是应该适时放手，并鼓励孩子从摔跤中站起来，克服恐惧心理，这样的实践往往会让孩子一点点领悟到骑车的技巧。

你有恐惧倾向吗?

　　所谓恐惧心理，是在真实或想象的危险中，感受到的一种强烈而压抑的情感状态。严重的恐惧感会对人的行为产生一定影响，所以及时调整心态很重要。下面我们就来检测一下你是否有恐惧倾向!

■ 测试题目 /

	是	否
1.经常莫名其妙地联想到亲人会有不幸。	☐	☐
2.有时担心自己会被最亲近的人伤害。	☐	☐
3.不喜欢被人群挤来挤去。	☐	☐
4.尽管已经尽力，但还是对自己不够满意。	☐	☐
5.遇到困难时，总是想尽一切办法逃避。	☐	☐
6.在困难中不能迅速地做出决定。	☐	☐
7.常常觉得自己做了某些多余的事。	☐	☐
8.舍不得扔掉没用的旧东西。	☐	☐
9.总是习惯把东西放在同一个地方。	☐	☐
10.常常觉得自己做事是不由自主的。	☐	☐

■ 测试结果 /

回答1~4个"否"：

　　你已经患有恐惧症了，最好及时调整一下自己的心态，自信一点，勇敢一点，事情并非像你想象的那么严重。当然，如果可以，和心理医生谈谈会对你帮助很大。

回答5~7个"否"：

　　你需要注意了，你已经开始有恐惧倾向了哦！放开心胸，不要把自己弄得那么紧张。对于想做但没有做的事，勇敢一点，你的收获将越来越多。

回答7个以上"否"：

　　恭喜你！你是一个很勇敢的人，外界的压力或困境一般很难影响到你，所以你很少感到恐惧，做事总是很有条理，很容易成功。继续努力吧！

手表与草帽

● 劳力士的诞生完美地诠释了大胆尝试对成功的作用，没有做不到的事，只有是否敢于行动的区别。

1905年，在巴伐利亚的一座小城里，没有人不知道一位叫菲尔德的钟表匠，因为他的手表做得非常好，不但防水而且自动。这个消息被同城的一位叫汉斯·威尔斯多夫的钟表商知道了，于是他急忙找到了菲尔德，并看了他那些纯手工制造的手表。

惊讶之余，威尔斯多夫说："菲尔德先生，我想聘请您到我的公司来当技术总监怎么样？"威尔斯多夫见菲尔德半天不吭声便表示，只要菲尔德出个价钱，他愿意购买菲尔德研制手表的技术。"不，"菲尔德拒绝道，"我是不会受眼前一点利益的影响而放弃自己的追求的，我的理想是研制出一款世界上最好的手表。"

菲尔德的理念居然与威尔斯多夫的如此接近，这是威尔斯多夫没有想到的。如果菲尔德坚持不肯来自己的公司任职，或者出售制造手表的技术，那么一旦菲尔德在自己之前研制出了那款手表，那么威尔斯多夫的公司将会受到前所未有的威胁。

怎么办？只有抢在菲尔德之前研制出那款手表，并尽快注册才是公司唯一的出路，但是，菲尔德显然在技术上要胜一筹，要抢在他之前研制出那款手表谈何容易？就在苦无良策的时候，威尔斯多夫突然得到了这样一个消息：菲尔德在研制手表的同时，还兼做草帽生意。威尔斯多夫立即让助手去向菲尔德定购草帽。

威尔斯多夫的助手莫名其妙地问："您要的是他制表的技术，您不定购他的手表，却要订购他的草帽，我不明白您的意思。"威尔斯多夫微笑着说："如果一顶草帽的价格超过了一块手表的价值，菲尔德还会费尽

气去研制手表吗？"果然，菲尔德在收到草帽的订单后，决定将研制手表的事情暂时放一放，而先去赶制草帽了。就这样，威尔斯多夫为自己尽快研制出的手表赢得了注册和上市的时间。他给那款有着防水和自动功能的手表取名为"劳力士"。当劳力士手表快速地占领整个市场，并成为了世界品牌后，威尔斯多夫才指着自家后院那一院子的草帽告诉菲尔德，那就是他的作品。恍然大悟的菲尔德这时已悔之晚矣。

■ 撰文/沈岳明

勇 敢人生 / Brave Life

品牌的创立来自于成熟的技术保障。有时你拥有了精湛的技艺却并不代表你一定能成功，因为你还需要大胆的尝试与不懈的坚持。如果不是威尔斯多夫出奇制胜的"草帽策略"，如果不是菲尔德忘记了坚持的重要，那"劳力士"的诞生也许会是另一段故事。

培 养策略 / Training Strategy

儿童阶段往往是人的一生中最富创造力的时期，因此，家长应鼓励孩子们大胆地想象与尝试，无论成功与否，都会增长孩子的见识。通过大胆的尝试，不仅可以培养孩子的勇气，还能让他从中获得许多知识。

大胆尝试造就傲人成绩

■ 加布里埃·香奈尔 | Gabrielle Chanel
突破传统，反对束缚

　　法国人香奈尔是在孤儿院长大的。十九岁时，她就开始了自食其力的生活。最开始，她一边在一家纺织店当店员，一边在音乐厅唱歌。后来她自己开了一家衣帽店。由于她的帽子设计简洁，颇受大众喜欢，使她获得了初步成功。接着她又突破传统，为女士们设计了黑色连衣裙和泳衣。这种大胆的作风和过人的胆识引领香奈尔一步步走向成功，开创了属于自己的香水和时装品牌。

■ 祝顺明 | Zhu Shunming
敢想敢做

　　华裔商人祝顺明最初在世界首富国卡塔尔做石油生意，但他很快意识到做这个生意并不明智。一次偶然的机会，他发现卡塔尔的青菜价格十分昂贵且稀少，于是他有了个大胆的想法——种青菜，并很快付诸实践。其间他克服种种困难，成功解决了沙地种植问题。祝顺明的事业从此便一发不可收拾。

■ 西田千秋 | Chiaki Nishida
拓宽成功之路

　　大阪电器精品公司成立后，西田千秋被松下公司老板松下幸之助委任为该公司的总经理。上任后，西田千秋觉得仅做电风扇生意过于单一，打算开发新产品。他曾试探着说出了自己的想法，可松下幸之助希望坚持专业化，以图有所突破。在这样的条件下，西田千秋大胆开发了排风扇、暖风机、鼓风机以及换气扇等一系列产品，为松下公司创造了一个又一个的辉煌。

苏格拉底收徒

● 求学既要有强烈的求知欲望，也要有足够的勇气质疑权威，
  这样才能学到真正的学问。

苏格拉底生活在公元前469年至公元前399年的古希腊，是一位著名的哲学家。很多人都慕名想要拜他为师，可是，苏格拉底却很少收徒弟。

有一个年轻人听说苏格拉底很有学问，非常想做他的学生，于是风尘仆仆地赶来向苏格拉底拜师。

一见到苏格拉底，年轻人就虔诚地跪倒在地，说："我仰慕您的大名已经很久了。我很希望将来能够成为像您这样知识渊博的人，希望您能收我为徒。"

苏格拉底上前一把扶起年轻人，很和蔼地对这个年轻人说："我能感受到你的诚意。要想做我的学生也可以，不过得先经过我的一个测试。"

"只要能跟着您学习，我愿意接受任何测试。"这个年轻人兴冲冲地回答道。

"好吧，请跟我来。"苏格拉底说。

"好的！"年轻人应道。

年轻人好奇地跟在苏格拉底的身后，穿过繁华的大街，他们来到了一条河边。

苏格拉底脱掉了身上的外套，然后指着河对年轻人说："请先跟我跳到河里去。"

年轻人完全不明白这与测试有什么关系，但又觉得像苏格拉底这样的大人物，说话做事肯定有其深刻用意，于是什么也没问，便顺从地跳进了河里。

接着，苏格拉底也跳进河中。年轻人以为苏格拉底会告诉他考什么题目，谁知，苏格拉底什么也没有说，而是上去一把抱住年轻人的头，使劲往水里按。年轻人还没明白怎么回事，就被连灌了几口河水。

很快，苏格拉底放开了年轻人。年轻人以为这只是一个意外，赶忙呼吸了几口新鲜的空气。可谁知，他抬起头刚站好，又被苏格拉底按到了水里。

年轻人虽然感到十分纳闷，但害怕自己的反抗会触怒了苏格拉底，使自己的努力功亏一篑。于是，他任由苏格拉底那样按着，继续喝水。

可苏格拉底好像没有饶过他的意思，变得更加疯狂起来。他甚至骑到年轻人的脖子上，继续不停地把他往下按，仿佛想要置年轻人于死地一般。

年轻人喝了一肚子的水，感觉再喝下去就要没命了，于是顾不得许多，猛地把苏格拉底掀下水，气呼呼地问："你为什么这样做，难道想淹死我吗？"

让年轻人意外的是，苏格拉底不但没有责备他的反抗，还笑着问：

"你想知道为什么吗？"

"我当然想知道！我来找您又不是要学游泳，您把我按到河里是什么意思？而且还那么用力，看着好像是想把我淹死似的。"年轻人憋了一肚子气。

苏格拉底笑得更加厉害了。他没有急着回答年轻人的问题，而是朝岸边走去。年轻人仍然没有平息自己的愤怒，但也没急着追问下去，而是跟着也爬上了岸。

整理好衣服后，苏格拉底才慢条斯理地说："我希望我的学生既要有强烈的求知欲望，也要有足够的勇气质疑权威。因为权威并不是绝对的，也有犯错的时候。真正的学问绝不是一味的遵从权威。年轻人，你刚才在关键时刻勇于反抗，所以通过了我的测试。从今天开始，就跟我一起做学问吧！"

■ 撰文/佚名

勇 敢人生 / Brave Life

幸好这个年轻人在最后时刻勇于反抗，否则即使没有丢掉性命，也当不了苏格拉底的学生。由此可知，求知也是需要勇气的，而质疑权威的勇气可以让人具有一种全新的视角。只会盲目听从的人，很难找到自己的价值。

培 养策略 / Training Strategy

家长由于人生经验丰富、具有一定的知识，很容易在孩子心目中树立"权威"的形象。但家长不是万事通，也有犯错或不懂的时候，因此为了培养孩子的正确意识，家长要鼓励孩子提问和质疑。比如，家长要孩子写日记，孩子不明白为什么要写日记，向家长发出疑问，家长要认真地解答，这样不仅可以满足孩子的求知欲，还能培养孩子有意识地探求真知的习惯。

不一致的答案

一天放学前，老师给同学们布置了几道数学题，并告知了最终结果，以便学生参考。兰兰回家后，很认真地做每一道题，前面的几道题都得出了正确答案。可最后一题，她连续做了好几遍，也没有得出和老师给的答案一致的结果。如果你是兰兰，你会怎么做？

■ 你的做法 /

A.觉得自己错了，继续做下去，直到得出一样的答案为止。

B.觉得老师给的答案错了，明天上课时告诉老师。

C.不管谁对谁错，不做了，等着老师明天说结果。

■ 点评 /

选A的同学：

遇到困难时，你有这股不认输的劲头很好。可是，你有没有想过，你所坚持的东西是正确的吗？要知道，老师也有可能会犯错哦！

选B的同学：

你真棒！即使对方是老师，也敢于提出自己的疑问，很有胆识哦！

选C的同学：

遇到问题，自己不弄清楚，只等着别人来帮着解决，这种被动的学习方式不可取。

■ 专家悄悄话 /

世界上没有绝对的事情，即使是权威也会犯错误，所以我们在尊重权威、向权威学习的同时，还要敢于坚持自己的正确见解，大胆地向权威提出质疑。

下一个球

● 所有人都在为贝利的第一千个球欢呼，面对记者的提问，贝利
　却给出了惊人的回答⋯⋯

贝利是巴西科拉科伊斯镇的一个穷孩子。他的父亲是个默默无闻的小球员，退役后收入微薄，全家只能勉强糊口。

母亲不希望贝利走上父亲的老路，但她无法阻止儿子对足球那种源自血液的热爱。对这个贫困的家庭来说，拥有一个足球几乎是天方夜谭。但儿子对足球的热爱，得到了父亲的鼓励，他在大号袜子里塞上破布和旧报纸，缝成一个"足球"送给贝利。贝利没有运动服也没有球鞋，他常常只穿着小短裤，在家门口坑坑洼洼的街面上冲刺，把父亲做的足球踢向想象中的球门。

十岁时，贝利和伙伴们组成"9月7日街道俱乐部"，他的球技引起了不少人的赞叹。镇里很多人会主动跟贝利打招呼，还给他敬烟。吸烟让贝利有一种"长大了"的感觉，这种错觉让他染上了烟瘾。但因为没钱买烟，他经常找别人索要。

有一天，贝利像往常一样找人要烟，父亲恰好撞见了这一幕。看到父亲眼里充满了悲伤和绝望，还包含着恨铁不成钢的怒火，贝利害怕地低下了头。然而父亲走到他身边时，给他的却不是一个耳光，而是一个紧紧的拥抱。

这件事对贝利的一生都产生了极大的影响，他不仅没有再抽过烟，就是在成名后也没有沾染足球圈里的任何恶习，而是把自己完全地奉献给了足球事业。

贝利十一岁时，巴西前国脚布里托发现了他的天赋。布里托将贝利推荐给桑托斯俱乐部的官员，诚恳地对他们说："不用怀疑，这个孩子不久

以后会成为世界上最伟大的球员。"

桑托斯俱乐部的官员们虽然接收了贝利，可是难免对布里托的话半信半疑。但是，贝利入队后就改变了所有人的看法。他第一次代表桑托斯队参赛，就在与科林蒂安队的比赛中破门，当时他还不满十六岁。

因为球技超凡，贝利十六岁时就被选入国家队。十七岁时，他代表巴西队参加了第六届世界杯足球赛。在这场被全世界关注的比赛中，贝利一个人就进了六个球，使巴西第一次成为世界杯的冠军。无名小卒贝利的名字，一瞬间传遍世界。

世界杯之后，贝利一跃成为巴西足球队的主力，也成为媒体、球迷、商家竞相追逐的对象。

名誉、地位接踵而至，这足以让任何人沾沾自喜，然而谦虚和冷静始终没有离开年轻的贝利。

每逢比赛结束后，或在记者招待会时，贝利最常遇见的问题就是："你已经踢进了那么多球，最满意的是哪一个呢？"

面对这个问题，贝利从未露出过自满的神色，他总是谦虚冷静地回答："下一个球！"

1969年11月19日，大雨倾盆，可是巴西里约热内卢马拉卡纳体育场内却人山人海。这场比赛可能诞生贝利足球生涯的第一千个球，没有人会因为大雨而错过这场球赛。当球赛进行了三十分钟左右时，对手被判犯规，罚点球，这个点球恰好属于贝利。

那一刻的气氛极其紧张，场内外的球员和观众都屏住了呼吸。

贝利全神贯注，但是他能感受到那些热烈的目光，这对贝利来说不是压力而是动力，他助跑、起脚、射门一气呵成，球进了！顿时，全场响起雷鸣般的欢呼声。

比赛结束后，记者们一拥而上，提出各种问题，其中有一个老问题："你已经踢进了一千个球，最满意的是哪一个呢？"

贝利一脸平静地回答："第一千零一个球！"

■ 编译/甘盛楠

勇 敢人生 / Brave Life

已有的成绩无论多么辉煌，都属于过去，最好的成绩永远在未来。贝利正是认识到了这一点，才不断向自己发起挑战，从而创造出一个又一个惊人的成绩。人生就该如此，永不满足，不断挑战自我，才能不断进步。

培 养策略 / Training Strategy

成就感对于孩子来说很重要，他们强烈渴望得到别人的认同和赞扬。因此，家长面对孩子的成绩有必要给予肯定，但同时，更要激励孩子继续努力，向更高一级的目标发起挑战，这样才能让孩子不断进步。比如，孩子的作文获得了班里第一名，那么家长就要激励孩子继续努力，争做全校乃至全市第一名。

名人谈勇敢

请认真读下面的名言，边领悟名言的意义，边试着猜猜这些名言是谁说的：

1.你若失去了财产，你只失去了一点；你若失去了荣誉，你就丢掉了许多；你若失去了勇敢，你就把一切都丢掉了。

2.人要是惧怕痛苦，惧怕种种疾病，惧怕不测的事件，惧怕生命的危险和死亡，他就会什么都不能忍受。

3.我崇拜勇气、坚忍和信心，因为它们一直帮助我应付我在尘世生活中所遇到的困境。

4.不论你是一个男子还是一个女人，待人温和宽大才配得上人的称谓。一个人真正的英勇果敢，决不等于用拳头制止别人发言。

5.困难只能吓倒懒汉懦夫，而胜利永远属于攀登高峰的人们。

6.真的猛士，敢于直面惨淡的人生，敢于正视淋漓的鲜血。

7.人生的光荣，不在永远不失败，而在于能够屡仆屡起。

8.人的一生就是进行尝试，尝试得越多，生活就越美好。

9.我们所希望和赞美的勇敢不是体面地去死，而是勇敢地去生活。

10.勇敢产生于斗争中，勇气是在每天对困难的顽强抵抗中养成的。我们青年的箴言就是勇敢、顽强、坚定，就是排除一切障碍。

■ 专家悄悄话 /

勇敢不仅仅需要一颗坚强的心，很多时候，更需要一次次大胆的尝试。当然，成功者的每一次尝试都不会是盲目的，而是建立在长远的眼光和丰富的经验及知识的基础上，这就是胆识。

答案

1.邱吉尔　2.卢梭　3.但丁
4.林肯　5.泰戈尔　6.鲁迅
7.雨果　8.爱默生　9.卡莱尔　10.奥斯特洛夫斯基

勇敢的借贷者

● 十天内筹齐十二万五千美元，对于很多人来说简直就是神
话，可福勒硬是打破了这个神话……

福勒是美国一个黑人家庭的小孩，他有七个兄弟，家中一贫如洗。福勒日夜都在想怎么赚钱，使家人能过上好日子。最后他得出了一个结论：只有经商是最快捷有效的方式。

卖什么才好呢？福勒考虑再三，决定经营肥皂生意。因为肥皂的成本低廉，又是每个家庭必不可少的用品。

决定之后，福勒拿出所有的积蓄，批发了一些肥皂。因为租柜台需要花很多钱，所以他选择挨家挨户销售肥皂。这样上门卖肥皂的生意，福勒一做就是十二年。

福勒的生意刚刚有些起色，就听说他批发肥皂的那个公司即将破产，他们决定以十五万美元拍卖掉肥皂公司。福勒认为这是一个千载难逢的机会，于是决定铤而走险，买下那家公司。可是，他辛苦经营了十二年肥皂生意，仅仅攒下了两万五千美元而已。

福勒不甘心错失良机，他拿出所有的积蓄作了保证金。剩下的十二万五千美元，他必须在十天内付清，如果他不能在十天内凑齐这笔钱，不仅买不了肥皂公司，连那笔保证金都会被没收。这对他来说，是一个巨大的考验。

值得庆幸的是，福勒的勤奋和正直，赢得了许多同行的赞赏和尊敬。当福勒告诉他们自己的打算时，大家虽然觉得他在做一件冒险的事，还是愿意倾囊相助，支持他拥有那家肥皂公司。

就这样，从私交的朋友那里，福勒借到了一笔款子，但是这些还远远不够，于是他又从投资集团和信贷公司那里得到了一些援助。在规定时间

的前一个晚上，福勒已经筹集了十一万五千美元的资金，相当于只差一万美元他就成功了。

可是最后的这一万美元才是决定性的一步。

后来福勒回忆道："所有能为我提供贷款的渠道，我都用尽了。我在幽暗的房间喃喃自语：'我要开车沿着第六十一号大街一直走。'"

没有时间犹豫了。尽管已经过了夜里11点，福勒还是发动汽车，向芝加哥六十一号大街驶去。经过几个街区后，他看到一家承包商事务所还是灯火通明。

只踌躇了一下，他就鼓起勇气推开了那家承包商事务所的大门。办公室里只有一个人，正坐在写字台旁疲惫地工作着。

福勒认为自己必须再勇敢点。当然，为了达到目的，一些语言技巧是必不可少的。

福勒开门见山地问那位承包商："你想赚到一千美元吗？"

那位承包商被这句话惊呆了。"当然，谁不想发财呢？"他答道。他

边说边将福勒带到会客间，热情地从柜子里拿出一瓶红酒招待福勒，准备与福勒谈一笔大生意。

"那就给我一张一万美元的支票，当我还给你这笔钱时，会加上一千美元利息。"福勒坐下后，直截了当地对那位承包商说。

接着，福勒给这位承包商看他的借款人名单，并且详尽地解释了自己为什么要进行这次商业冒险。这位承包商被福勒的方案打动了，更打动他的，是福勒的勇敢。

毫无疑问，那天夜里，当福勒走出这个承包商事务所时，带走了那张一万美元的支票。

仅用了十天的时间，福勒就成为了一家公司的老板。从此以后，福勒的生意越做越大，他不仅拥有一个肥皂公司，还拥有了一个标签公司、一个袜类贸易公司、四个化妆品公司和一个报馆。

靠着经营这七个公司，福勒的资金越来越雄厚，他终于拥有了自己的商业王国。

■ 编译/刘湟

勇敢人生 / Brave Life

很多青年都抱怨自己没有创业资本，空有一身抱负却无处施展，但面临同样处境的福勒却获得了巨大的成功。这绝不是一种运气，而是得益于一种勇气，正是因为他敢于尝试，为实现目标而不懈努力，才能变"不可能"为"可能"。

培养策略 / Training Strategy

无论家长多么爱孩子，都无法帮助孩子完成每一件事，孩子早晚要独立面对这个复杂的世界。所以家长要让孩子从小就养成独立思考和勇于实践的习惯。比如爬山，孩子有畏难情绪时，家长不要直接把自己的意见告诉他，而是应该鼓励他自己试着去征服顶峰。

第一次独自去银行存钱

明明已经十二岁了，可胆子仍然很小，总是害怕独自去做什么事情。一天，爸爸发现明明的储蓄罐里已经有一千多块钱了，便到银行给他开了一个户头。接着，为了锻炼明明的胆量和独立性，爸爸让明明自己去把钱存到银行里。明明以前从来没自己去过银行，你觉得他能做到吗？

■ 你的建议 /

A.爸爸这样做根本就是强人所难，明明以前都没去过银行，怎么会存钱呢？

B.必须得有人陪着才行。

C.勇敢一点，没什么做不到的。

■ 点评 /

选A的同学：

人生中有许多第一次，还没尝试怎么就知道不行呢！勇敢点，你行的！

选B的同学：

第一次做事情，确实需要有人帮忙或指点，但首先你要敢于独自去尝试，具体细节再请教别人。

选C的同学：

你说得很对。面对没有做过的事情，必须勇敢地去尝试，才能知道自己到底行不行。

■ 专家悄悄话 /

同学们，你一定经历过很多第一次吧？面对未知的事情，我们不可避免地会感到不安或胆怯，但这是必经的过程，你必须大胆地迈出第一步，才能不断成长。

3 诠释真正的勇敢

——发挥你的胆略

　　胆略是衡量一个人胆商的重要标尺。所谓胆略，就是胆量加谋略。在很多危急的时刻，特别是面对强大的势力时，怎样才能化险为夷，让自己毫发无损呢？仅仅拥有勇往直前的胆量，可能会造成更为严重的后果。这时，最需要的是充分发挥自己的聪明才智，即运用谋略，以智取胜。

第一个亲近黑猩猩的人

● 平静的水面，练不出精悍的水手；安逸的生活，造不出时代
的伟人。

珍妮·古多尔出生在英国伦敦，她从小就非常喜欢动物。在她一周岁生日的时候，爸爸送给她一个黑猩猩玩具，让她爱不释手，整日抱在怀里。从这个时候开始，珍妮就与黑猩猩结下了不解之缘。

高中毕业后，珍妮找到了一份相当不错的工作。可是，珍妮的心似乎一直没有安定下来。一天，一个同学邀请珍妮去她家远在肯尼亚的农场做客。珍妮一听说要去非洲，兴奋不已。但是，她没有那么多钱，为此，她毅然辞去了那份令人艳羡的工作，到农村的一家餐馆里打工。因为那里的工资不错，而且消费较低，更容易攒钱。

在二十三岁那年，珍妮终于凑足了路费。于是，她告别父母，与同学一起来到了梦想已久的非洲。

在非洲，她十分幸运地拜见了肯尼亚国家自然史博物馆馆长路易斯·利基博士。利基博士十分欣赏珍妮对大自然的热爱之情，所以特聘她为自己的秘书助理。更让珍妮激动的是，利基博士还批准她进行一个为期三个月的原始森林黑猩猩考察。早已心驰神往的珍妮迅速做好了所有准备工作，然而就在她准备出发时，当地政府得知了这件事。他们出于对人身安全的考虑，提出了一个条件——必须有一个欧洲人陪同珍妮前往。

这个条件无异于一盆冷水，让珍妮的心一下子凉了半截。这么危险的事，谁会愿意跟自己一起冒险呢？心里委屈至极的珍妮忍不住打电话给妈妈琬恩·古多尔。妈妈毅然决定陪女儿一同前往原始森林进行考察。在以后的日子里，正是母亲这份伟大无私的爱，让珍妮始终勇往直前，战胜了一切困难。

终于，有了母亲的陪伴，肯尼亚政府批准了珍妮的原始森林考察之行。刚开始，尽管珍妮表现得小心翼翼，可始终无法观察到黑猩猩的行为细节。因为黑猩猩很怕人，一看到人，立刻飞快地逃跑。无论珍妮表现得多么没有敌意都没有用，黑猩猩始终不肯让她靠近。

三个多月的考察期很快就过去了，可珍妮完全没有离开的意思。不仅因为她的任务没有完成，更因为此时黑猩猩对她已经不再表现出恐惧和惊慌逃窜了。不过，危险也随之而来。此时的黑猩猩开始由惧怕转变为进攻。一次，珍妮刚走进森林，就被三只猩猩包围了。珍妮很清楚此时逃跑不是最好的办法，她灵机一动，马上趴到地上一动不动，摆出一副完全没有敌意的样子。

黑猩猩站在树上疯狂地摇动着树枝，嘴里发出可怕的声音。此时，一向勇敢的珍妮不禁紧张到了极点。突然，一只黑猩猩从树上跳下来，扑向珍妮。就在最后一刹那，它猛然转身离开了，另两只猩猩也会意地跟着钻进了森林里。珍妮最终逃过了这一劫，可黑猩猩对她的敌意一直维持了近五个月的时间。珍妮始终以极大的耐心等待着，面对黑猩猩时总是保持微笑，一步步向它们靠近。

成功终于向珍妮招手了。一天，当黑猩猩聚在一起互相梳理毛发时，珍妮从

地上捡起一枚鲜红的坚果，小心翼翼地递到了一只黑猩猩面前。这只黑猩猩的第一反应是把身子往后挪了挪，珍妮紧跟着上前一步，将拿着坚果的那只手靠近它。它不禁看了看坚果，又看了看珍妮，犹豫片刻，终于拿起坚果，同时握住了珍妮的手。

第一次友好的亲密接触开始后，珍妮的努力得到了越来越多的回报。渐渐地，珍妮和那些黑猩猩们成了朋友。

离开原始森林后，珍妮把对黑猩猩的研究成果写成了报告和科学论文发表了，顿时引起全世界的轰动。珍妮成为了目前世界上动物保护领域最受人尊敬的女科学家。她的研究帮助人们揭开了黑猩猩在自然状态下的生存状况之谜，而且她是第一个发现黑猩猩能够使用和制造工具的人，从而改写了只有人能制造工具的定义。世界上二十所著名大学授予珍妮荣誉称号，她先后荣获六十多项国际大奖，这可以说是史无前例的。

■ 撰文/崔鹤同

勇敢人生 / Brave Life

对于"充满未知"的黑猩猩，珍妮勇敢地迈出了第一步，并成为第一个亲密接触黑猩猩的人。生活中，很多困难就如"黑猩猩"一般，是我们无法预知的，这时不仅需要我们具有超乎常人的勇气，还要具备非凡的智慧，才能取得成功。

培养策略 / Training Strategy

面对未知事物，人们总会有一种强烈的好奇，甚至有一探究竟的冲动。但是在行动之前，不妨先想一想：这件事具有危险吗？有什么危险？怎么预防？有这种想法并不代表我们胆怯，而是具有智慧的表现，更是获得成功的保证。比如，你很想去郊外的河中捉鱼，那么首先就要考虑到河水有多深，里面有没有危险生物等，然后做好相应的准备，这样做才是理智的。

难相处的小女孩

　　美美所在的班级搞了一次向孤儿院儿童献爱心活动。每个同学都要满足一个孩子小小的愿望，然后教他们学一样本领。同学们都开展得很顺利，只有美美很郁闷，因为她送礼物的那个小女孩十分内向，不爱说话。美美不知道该怎么做。你给她点建议吧！

■ 你的建议 /

A.这么难相处，干脆不要管她了。

B.可以找老师帮忙，了解一下她的爱好，再慢慢和她沟通。

C.多给她买点礼物就行了。

■ 点评 /

选A的同学：

　　这点儿小困难就把你难倒了呀！为什么不发挥一下你的聪明才智呢？

选B的同学：

　　恭喜你，你不仅没有被困难吓退，还能够积极想办法，做得很棒哦！

选C的同学：

　　这也不失为一个办法，可是否适合小女孩呢？还是先做一下调查吧！

■ 专家悄悄话 /

　　你在与同学或身边的人相处时，是否也遇到过像美美这样的难题呢？可不要一遇到问题就想着退缩哦。其实每个人都有一定的特点和喜好，只要充分地了解对方，再对症下药，融洽相处就不会是难事。

猎熊少年的秘密

● 成年猎人都难以做到的事情，一个孩子却做到了，这其中蕴藏
着怎样的秘密呢?

从前有一个叫基色的孩子，他的父亲是一个勇敢的猎人，可是在闹饥荒的时候，死亡找到了他。那时，他想拯救自己一族人的性命，便单独去跟巨大的白熊搏斗，就在这场力量悬殊的搏斗中，可怕的野兽把他的骨头都折断了。最后，熊也死了，熊身上的许多肉，救了村民们的命。

基色是这个勇敢的猎人唯一的儿子。父亲死后，基色便和母亲相依为命。但是人们很快忘掉了他父亲的功绩，甚至渐渐忘记了他们一家人，基色和他母亲的生活也日渐艰难，他们住在全村最破旧的一所冰屋里。

有一天晚上，领袖克劳斯·克温在一间宽大的冰屋里召开会议，会上基色的表现出乎大家的意料。他像成年男人一样尊严地站着，等待着在喧哗和争吵声里的肃静。"说老实话，"他大声说，"虽然我和我的母亲获得了一份肉，但这份肉常常是又少又硬的，并且中间的骨头太多了。"

大家都呆住了。这真是闻所未闻的事! 小孩子居然敢像大人一般说出自己的想法，而且居然还敢当着他们的面，说出这样无礼的话。

基色表情沉静而坚决地说道："我这么说，是因为我知道我的父亲鲍克是一位伟大的猎人。大家都知道，鲍克打猎带回来的肉，比两个最灵敏的猎人带回来的还要多，并且他还亲手帮着分配肉，使那些身体衰弱的老太太和最老的老头儿，都能得到公平的一份。"

"打他!"男人们喊起来了，"把这小孩子赶出去! 让这小子滚回去睡觉! 他还没有长到可以跟白发的男人们说这种话的时候呢!"

孩子平静地等待着他们的指责声过去。"乌格·格鲁克，你有妻子，你可以替她讲话;你也一样，马苏克，你还有母亲，你也可以替她们讲

话。但我母亲除了我以外，没有什么人，所以我才说话。我要对你们说：因为鲍克是一位太热心的猎人，所以他才丧了命；因此，当这一族里有肉的话，他的儿子——我，和他的妻子——爱基加，两个人都应该得到足够的肉，这才算公平。我——基色——鲍克的儿子，就说到这。"

他坐了下来，要听听他们到底能说出什么愤怒的话来。

老头子乌格·格鲁克喊着："小孩子竟敢在会议上讲话！"

"这像什么话！现在，这么小的孩子竟敢教训起我们来了？"马苏克大声问着，"难道我一个成年男子汉，就应该忍受一只想吃肉的小狗——一个小孩的嘲笑吗？"

基色的眼睛进出了火花，热血冲上了他的脸。听到威吓和嘲笑，他从座位上跳了起来。"长辈们，你们听我说！"他喊着，"在你们的会议上，我决不再讲什么话了。你们大家都记住这些话吧！我的父亲鲍克是一个伟大的猎人，我是他的儿子，我也要去打猎，而且要靠自己打猎生活。从此以后，请你们记住，我打猎得来的肉，一定会公平地分配。没有一个寡妇，或者一个无依无靠的孩子，会因为分不到肉而在夜里哭泣；强壮的男人们，也不会因为吃得太多而呻吟或变得懒惰起来；那些吃着本应属于别人的肉的壮汉，将来总有一天会觉得羞耻的。我，基色，就说这些。"

他咬紧牙关，头也不回地走出冰屋，轻蔑的眼光、讽刺的嘲笑紧跟在他的背后。

第二天，他沿着岸边，向着冰和陆地交接的地方出发了。人们见他带了一张弓和一大把尖锐的、用骨做箭头的箭，背着他父亲打猎用的长矛。人们摇着头，并且预言说，这是不会有好结果的。妇女们同情地望着他的母亲爱基加，她的脸上写满了深深的忧郁。

四天后，基色回到了村里，但他不是带着羞耻回来的。他的肩头挂着肉，神气地走着，十分骄傲、威风。"男子们，快带上狗和雪橇。"他说，"不过，你们得走一整天。远处的冰上有许多猎物正在等着你们，是一只母熊和两只小熊。"

爱基加乐得几乎要哭出来了，但他却像大人一般，把母亲搂在了怀里。"好啦！妈妈！"他说，"我们去吃东西吧，吃了东西，我可要好好睡一觉，我太累了。"于是他走进冰屋，吃得饱饱的，然后睡下。这一睡就是整整二十个小时。

大家都不相信他的话，猎捕白熊可是一件危险的事情，而敢去猎捕带着小熊的母熊更要冒三倍大的危险。当他们到了基色说的地点时，看到了被打死的母熊和小熊，这真让他们难以置信。这些猎物的内脏已经被清理干净，而且按照打猎的规矩，把每只熊分成了四块。

就这样，基色开始了谜一样的生活。基色第二次出去打猎，又打死了一只年轻的熊。后来，又打死了一只大公熊和母熊。他一般都要出去三四天，有时他到雪原上，一去就是一个星期。如果有猎人要跟他一起去，他也总是拒绝。对此，大家都很为奇怪。"他到底是怎么做到的呀？"人们议论纷纷，"他甚至连狗也不带，打猎怎么能不带帮手呢！"

人们开始纷纷猜测基色捕熊的方法，可是，不管怎么说，基色打猎总是有很大的收获。村里那些打猎失败或是不熟练的猎人，已经不止一次地分到他的猎物了。

所有年老体弱的人都总是很公平地分配到猎物，现在，基色和以前他的父亲一样，能公平地获得一份肉。他留下来给自己的一份，也不会超过别人的分量。人们渐渐地开始尊敬他，甚至还有些虔诚和恐惧的心理。

大家对基色是怎样打猎的秘密感到很好奇。于是有一天晚上，经过了长时间的会议争论以后，大家决定派几名侦探跟随着基色，去看看他打猎到底是怎样成功的。

这天，基色又要出发打猎去了，村里最年轻、本领最好的猎人皮姆和包恩，小心地跟着他，努力不让基色注意到。五天以后他们回来了，脸上现出十分惊奇的样子。

皮姆开口说道："我们一路上小心翼翼地跟着基色，所以他一直没有觉察到我们。第一天，才走了没多远，他就遇见了一只大母熊——那是一只非常大的熊……"

"不可能再有更大的熊了，"包恩打断了他的话，继续说下去，"基色紧跟在它背后，丝毫不害怕。他向它挥舞着双手，大声地叫喊着。那熊终于生气了，两只脚直立起来，吼叫着，但基色一直向它走过去。"

"是的，"皮姆抢着说，"基色直对着熊走过去，于是那熊便向他扑过去。这时，基色跑开了，当他跑开的时候，将一个小圆球丢在了冰上。等那熊站住了，嗅了嗅圆球，就把它吃了。基色继续跑着，同时把一些小球抛在冰上。熊在他后面，吃掉了那些圆球。"

包恩接着说："后来，那熊忽然全身直立了起来，张着大嘴吼着，并且开始用前掌拍自己的前胸。两只熊掌在空中发疯似的挥舞着……"

"对的，一定是那些小球在咬着它的五脏，"皮姆抢着说，"因为它用脚抓着自己，翻滚着，在冰上跳跃着，好像正在做游戏！"

乌格·格鲁克说："这是魔法！""这我可不知道，"包恩说，"我只是告诉你们我的亲眼所见。过了一会儿，那熊忽然没有力气了。基色跟在它背后，我们跟在基色的背后。我们就这么走了一整天，又接着走了整整三天。那熊越来越衰弱了，因为痛苦不断地号叫着。

皮姆开始接着说道："那熊步履蹒跚，一会儿前进，一会儿倒退，一会儿在路上打转。最后，熊回到了先前与基色相遇的地方。不过这时，它差不多已经半死，而且几乎不能动弹了。这时基色便走近它，把它打死了。"

天快黑时，妇女们把大熊的尸体装在雪橇上运回来了，男子们仍旧坐着，议论着。

基色才跨进自己冰屋的门，就有人请他去出席会议了。克劳斯·克温对基色严厉又含蓄地说道："我们在等你说话，基色，对我们讲讲你是怎样猎熊的。你自己承认吧，你有没有使用魔法？"基色望着他，笑了起来："好吧，我来向你揭开这个秘密。这很简单，瞧吧！"

他拿了一条细细的鲸鱼须，须的两头磨得尖尖的，像针一般。基色小心地把鲸须弯成了一个小环，这样，便完全可以握在拳头里了。然后，他突然放开了手，鲸须便一下子伸直了。基色又拿了一小块鲸油。"注意看，"他说，"拿一块鲸油捏出一个小窝，然后把紧紧弯曲着的尖利的鲸须嵌在这个窝里，再用一块鲸油封牢。把它冻成小冰球，扔给熊。熊吞下这个小球后，油一融化，鲸须便在它的肚皮里伸直了。熊就不好过了。当它十分难受的时候，你便走近它，用矛杀死它。就这么简单。"

基色是用智慧，不是用魔法来帮助自己，所以本来是一个穷困的冰屋里的苦孩子，会成为村中的第一人物。

■ 撰文/杰克·伦敦　　■ 编译/李珊珊

勇 敢人生 / Brave Life

有勇无谋顶多是一介莽夫，有勇有谋才称得上真豪杰。我们在做事前不能仅凭一股闯劲蛮干，那样只会白费力气；多动动脑筋，然后再大胆去做，才能做成大事。一个人只要懂得了这个道理，就会做出让所有人刮目相看的"大事"。

培 养策略 / Training Strategy

孩子因为想法单纯，往往容易陷入鲁莽行事的误区。对此，家长一方面要引导孩子在面对困难时不能畏惧退缩；另一方面还要鼓励孩子多动脑筋，以智取胜。比如，孩子的钥匙掉进了公园水池里，家长不要急于帮助孩子去捡，而应让孩子自己想办法。在水较浅的情况下可以允许孩子亲自下去取；反之就要鼓励孩子借助某种工具了。

路遇劫匪

一天，一位妇女带着装有数百万钞票的皮箱准备到银行存款，可是还没进门，就遇到了劫匪。劫匪不仅抢了妇女的钱，还用刀扎伤了她。如果正巧你放学经过那里，你会怎么做？

■ 你的做法 /

A.冲上前去，拦住歹徒。
B.赶紧跑开，当做什么也没有发生。
C._____。

■ 点评 /

选A的同学：

你很有正义感，可是面对高大的歹徒，你冲上去会起到什么作用呢？与其这样贸然行事，不如好好想办法吧！

选B的同学：

这种事情对于你来说，的确非你的能力所能控制的，但你真的什么事都做不了吗？最起码可以报警呀！

既然A、B都不可取，请把你的最佳方案写在C处。

■ 专家悄悄话 /

抢劫、行凶这样严重的事件，任谁看到都会感到害怕。但害怕也不能解决问题呀！所以，请勇敢点。在保护好自己的同时，好好动动脑筋，即使不能彻底解决问题，但至少要做些对解决问题有帮助的事，比如报警。

女巫

● 恐怖的造型、狠毒的心肠，外加凶残的手段，这些邪恶的女巫
要怎样才能完全消灭呢？

我 七岁那年，父母因车祸去世了。姥姥成了我唯一的亲人。为了能让我从悲痛中解脱出来，姥姥开始给我讲故事。她是个很棒的故事大王，我被她讲的所有故事迷住了，尤其是女巫的故事更让我激动不已。姥姥郑重地对我说，这些女巫的故事和其他故事不同，它们不是编造出来的，它们都是真实的。

姥姥说，女巫总是想办法消灭小孩。

她自己至少碰到过五件这样的事。一个小孩消失了，一个小孩变成了壁画，一个小孩变成了鸡，一个小孩变成了石像……而她自己也因女巫失去了小手指。

姥姥告诉我，女巫总是装扮成女人的模样，但细细观察，还是能发现一些破绽。

女巫一年四季总是带着黑手套，因为她们只有弯弯的爪子；女巫总是带着假发，因为她们是秃子；女巫的大鼻孔能嗅到小孩的气味；女巫的眼睛会变色；女巫走路有点儿瘸……姥姥说，如果我碰到有上述特征的女人，最重要的就是拼命逃走。

一个星期六的下午，我正在树上玩。一个女人突然出现在下面，她说："下来吧，小朋友，我送给你一样最刺激的礼物。"她的声音非常刺耳，而且戴着手套！她是女巫！

我扔掉锤子，飞快地蹿上那棵大树，到了最高处才停下来。我在树上待了好长时间，一动也不敢动。天黑下来了，我听到姥姥叫我的名字。女巫已经走了。

这就是我碰到的第一个女巫，但不是最后一个。

暑假到来了，我和姥姥去一个很有名的海滨城市度假。为了训练我带去的两只小白鼠，我在旅馆里找到了一个空着的会议室。正当我训练得起劲时，一大群漂亮的女人拥了进来。我赶忙躲到了屏风后面。很快，我发现会议室的大门被关上了，而且还加了沉重的铁链。房间里的女人们脱掉了手套、鞋子和发套。

天哪！这里是女巫大会，这里聚集了全英国的女巫。我一动不动地趴在地上，不敢发出任何声响。

我看到女巫大王展示了她发明的八十六号变鼠药。她计划把这种药掺入巧克力，要把英国所有的小孩都变成老鼠。这个阴谋太险恶了！但更可怕的是：我被发现了！

女巫们为了保守秘密，把整整一瓶的变鼠药灌进了我的喉咙里。我的身体在忍受火烧般的痛楚后迅速地变小了。

很快，我意识到我的鼻子离地板仅有一英寸，我的手成了一双毛茸茸的爪子！

"把老鼠夹拿出来！"女巫大王喊道。

我像闪电一样迅速地逃走了。一大群危险的女巫紧追不舍，但小个子的老鼠毕竟跑得快。

"快关上门，姥姥！"当我终于安全到达房间时，我发现自己还拥有原来的声音，真庆幸啊！

而姥姥看着她面前的这只小棕鼠，愣住了。我看到眼泪顺着姥姥的脸颊流了下来。

等姥姥清醒过来后，我把一切都告诉了她。我们决定要尽

全力阻止女巫的阴谋。姥姥说，只要偷回变鼠药就算成功了。

到女巫大王的房间偷八十六号变鼠药可不容易。还好，经过一番周折，我们最终成功了。接着，我又悄悄钻进厨房，以一只老鼠灵敏的嗅觉，把药全部倒进了女巫们的汤中。

餐厅里，女巫们正坐在一起吃饭。姥姥坐在附近的一张餐桌旁注意着她们的举动，我则躲在姥姥的手提袋里等待好戏的开场。

一声刺耳的尖叫淹没了餐厅里的喧闹声。女巫大王蹦到了半空中！接着，所有的女巫都开始尖叫，都从座位上跳起来，好像屁股被钉子刺了一样。

紧接着，她们突然僵住不动了。女巫们站在那里一声不响，一动不动，好像一具具死尸。整个餐厅死一般的沉寂。

顷刻间，所有的女巫全不见了，只见两张长桌上出现了许多小棕鼠。餐厅里的女人们开始尖叫，男人们也脸色发白，侍从和厨师们挥舞着各种东西击打老鼠。

趁着混乱，姥姥带着我走出了旅馆。

重新回到家的感觉实在太好了。但因为我变小了，很多东西都变了样。姥姥为我的生活能方便些，想了许多办法。

一天晚上，姥姥坐在火炉前吸着她的黑雪茄，我躺在她的膝盖上。那晚，我知道了一只真老鼠的寿命是三年，而我这只假老鼠最多能活九年。我对姥姥说，这真是个好消息，因为我不想活得比她长，我不想让别人照顾我。

姥姥用指尖抚弄我的耳背，我觉得非常舒服。姥姥说，她今年八十六岁了，运气好的话，还能再活八九年。

我说："这是必须的。因为那时我将是只很老的老鼠，你是一位很老的姥姥。我们要一起死掉。"

姥姥说："那样今生就算圆满了。"

然后我们在炉火前面沉默了好久。"我的宝贝，"她突然说，"你真不在乎一直做老鼠吗？""不在乎，"我说，"只要有人爱我，我就不在乎自己是什么——是什么样子。"

在我和姥姥剩下的不多日子里，我们还有一件最重要的事情得完成，那就是消灭女巫城堡里所有的女巫。

■ 撰文/罗尔德·达尔　　■ 编译/李小青

勇敢人生 / Brave Life

在危险面前莽撞行事可不是英雄的表现，小男孩勇斗女巫的故事告诉我们：面对强大的对手，盲目地冲上去硬拼只会令自己也深陷困境，只有以智取胜才是最安全、最恰当的方式。

培养策略 / Training Strategy

家长在通过英雄人物的故事教育孩子的过程中，很容易让孩子树立当英雄的心理，这点值得家长去鼓励。但是，家长一定要让孩子认清自己的能力，在没有能力的情况下，逞英雄只会令自己遭殃，这时最应该运用的是智慧手段。比如遇到有人被欺负的情况，家长要制止孩子冲上前去帮忙的行为，而是提醒孩子在保障自身安全的情况下，运用智慧解决问题，如求助于附近的保安、警察等。

野外求生

　　贝贝和婷婷一起到野外玩耍，不知不觉玩到了很晚，等他们想回家时，才发现迷了路。眼看着天渐渐黑下来，他们却怎么也找不到来时的路。遇到这种情况，你觉得他们应该怎么做？

■ 你的建议 /

A.一个劲儿地往前走，直到走出去为止。

B.先找个安全的地方躲起来，以防遇到什么危险，天亮后再仔细想办法。

■ 点评 /

选A的同学：

　　很明显，你是一个积极的行动派。不过，行动前一定要有明确的方向才好，否则很可能白费力气哦！

选B的同学：

　　你真的很棒！面对困难不仅很勇敢，还考虑得很周全，处理事情的能力很强哦！

所以B是最佳答案。

■ 专家悄悄话 /

　　同学们，你遇到过这种野外迷路的事情吗？要知道，野外有很多未知的危险，比如遇到坏人或野兽等。这种情况下千万不能惊慌失措或盲目乱走，否则会增加遇到风险的可能性。最好先处理好自身的安全问题，然后再静下来想办法或等待救援。

企鹅的智慧

● 犯错误在所难免，改正错误也并不困难。可是你在犯错误之
后，也能像企鹅一样"吃一堑，长一智"吗？

我曾听过一个关于企鹅的有趣故事。

据说南极有一个英国的军事基地，一天，一架巨型飞机呼地飞了起来。然而，偏偏在这一天飞机飞得非常低，受到惊吓的企鹅们全都张大嘴望着天空。大家都知道，企鹅的腿很短，屁股朝下，站立的时候很稳，可是，当它们仰头向上望时，就很难保持平衡了。尽管如此，惊恐的企鹅们依然拼命地向上望，它们想："这个庞然大物到底是什么东西呀？"这样一来，企鹅们再也站不住了，纷纷向后倒了下去。假如只有一只的话并没有什么值得新奇的，但这是几十万只企鹅一齐向上望，然后又相继倒下，因而从上往下望去就宛如被推倒的多米诺骨牌，场面极为壮观。坐在飞机上的人反而比企鹅更吃惊，在他们看来："简直没有比这种场面更有趣的了。"飞机上的机组人员回国后，立即把这个情况告诉了新闻记者和摄影师，大家都异常兴奋。假若飞机做圆周飞行的话，那么由大群企鹅组成的多米诺骨牌也一定会随着飞机的飞行轨迹而倒下的。尤其是那些摄影师，他们七嘴八舌地发表着自己的看法，想象着各种各样的造型。就这样，大家聚集到了南极。

数日后，这群为观赏企鹅仰倒而凑到一起的人们怀着激动的心情飞上了南极的天空。可是，这究竟是怎么回事？尽管飞机飞得越来越低，但是没有一只企鹅往上看。或许偶尔有个把企鹅抬抬眼皮，但随即又不理不睬了，结果，连一只向后仰倒的企鹅也没有见到。企鹅仿佛相互通了气似的："大家绝不往上看！"飞机做了数次尝试，可是企鹅们全都不为所动，依然低着头，稳稳地站在冰上。摄影师们永远也无法发表自己的独家

"企鹅多米诺"照片了。这就是我所听到的有关企鹅的故事。

我思索了很久，最后想明白的是，企鹅是一种非常聪明的动物。恐怕向后仰倒的企鹅们非但没有体会到多米诺骨牌倾倒的乐趣，反而深受其害。也许有的企鹅爸爸脚边正放着企鹅蛋，没想到眼睁睁地看着前面的企鹅坐碎了自己的蛋，转瞬之间伤心欲绝。即便没发生这样的惨剧，也可能会有一对细语缠绵的情侣被压在下面，痛定思痛后因为相互埋怨而导致分手。

也就是说，我领悟到聪明的企鹅是不会犯同样错误的。企鹅并非是没有好奇心的动物，而是在因为好奇心而向上看一次后就明白了这样做会给自己带来多大的痛苦——无论多么感兴趣，活着才是最重要的。企鹅懂得吃一堑长一智的道理，我对它们由衷地敬佩。

■ 撰文/黑柳彻子　■ 编译/李珊珊

勇 敢人生 / Brave Life

大脑并不发达的企鹅能在集体摔倒之后吸取教训不再被好奇心所误导，而我们人类却经常重复同一个错误，这并不是因为企鹅的智慧已超越人类，而是因为企鹅懂得将失败的经验贯穿到新的实践中，从而避免重蹈覆辙。

培 养策略 / Training Strategy

家长可以多带孩子体验生活，用自己或他人的生活经验提高孩子解决实际问题的能力。比如家长带孩子去野外游玩时，可以告诉孩子一些野外游玩可能发生的危险，并教会孩子相应的野外自救常识，这样他们在遇到突发状况时，就可以采取恰当方式摆脱困境。

你具备应急能力吗？

　　每个人都可能遇到紧急情况，是否具备应急能力，对于成功摆脱困境具有重要作用。请根据你的实际情况，回答下列问题：

■ 测试题目 /

是　否

1. 你是否具备最基本的急救知识？　□　□
2. 你是否见血就晕，但很快能恢复常态？　□　□
3. 你是否看护过病人？　□　□
4. 你从一个陌生地方回来后，是否能做出准确描述？　□　□
5. 你对陌生人的第一印象是否比较准确？　□　□
6. 你是否具有丰富的想象力？　□　□
7. 遇到困难时，你是否会保持冷静？　□　□
8. 你是否相信"只要努力一定能成功"这句话？　□　□
9. 你是否能承受心理上的痛苦？　□　□
10. 你是否能对自己所做的一切负责？　□　□

■ 测试结果 /

每回答一个"是"计5分，回答"否"计0分。

总分在35～50分之间：

　　你的应急能力很强，当然这都要归功于你过人的勇气和智慧，继续加油吧！

总分在15～30分之间：

　　你有一定的应急能力，不过只限于一般情况下，稍微困难一点，你就有点应接不暇了。多补充点急救知识吧，遇事时再冷静点，就会好很多。

总分在10分以下：

　　你必须要锻炼自己的胆量和充实些应急知识了，否则遇到紧急情况时就可能有危险了。

人定胜天

● 用一双严重烧伤的腿，竟然跑出了全世界最优异的成绩。他是怎样做到的呢？

在一个偏远的地区，有一所小学校。由于资金匮乏，学校买不起新式的取暖设备，冬天的时候，全校师生只能靠老旧的烧煤锅炉取暖。

这个严冬来临时，老师和同学们一进教室就能享受到暖气。因为有一个善良的小男孩每天都第一个来到学校，早早将锅炉烧开，这样老师和同学们就不再感觉寒冷。大家都从心里感激这个小男孩。

这一天跟往常没有什么不同，老师和同学们在寒风呼啸的小道上赶路时，都巴不得快点进入温暖的教室。可是这一次等着他们的不是暖气，而是滚滚的浓烟，巨大的火舌正从教室里冒出来。

他们被吓呆了，可立刻就想到了那个善良的小男孩。老师们急忙冲进教室，将他从大火和浓烟中抢救出来。但是，他的下半身已经被严重灼伤，早就失去了意识，生命危在旦夕。

经过医生们的奋力抢救，小男孩渐渐恢复了知觉。迷迷糊糊中，他听到医生和妈妈说话的声音："这孩子的下半身受到严重的伤害，别说是走路了，就是活下去都不太可能。我劝你还是做好心理准备吧！"

医生的这番话让小男孩觉得非常难过，但是他没有绝望，而是下定决心要活下去，他不愿就这样被死神带走。

出乎所有人的意料，小男孩的求生意志极其强烈，他挺过了生死存亡的一刻，顽强地活了下来。

这实在是一个奇迹。可是危险期过后，小男孩在病床上又听到医生小声对妈妈说："保住性命其实不一定是件好事，这孩子的下半身烧伤得太严重了，虽然能活下去，但以后注定是个残废。"

听到这些，小男孩又在心中暗暗发誓："我不是残废，我一定要站起来，像以前一样走路。既然连死神都不能拿我怎么样，那我就能战胜一切困难！"

现实和理想差距太大了，那两条细弱的腿没有任何知觉，严重的烧伤夺去了他下半身的行动能力。妈妈知道孩子的想法后，被他的坚强和勇敢深深感动。然而家里实在没有钱在医院做复健，于是医生建议妈妈给他做按摩。

出院之后，妈妈在第一时间学习了按摩技术，每一天都多次为他按摩双腿，可是男孩的腿连一丁点好转的迹象都没有。即便如此，他要走路的决心从来没有改变过。

后来，妈妈买来一台轮椅，他开始过以轮椅代步的生活。有一天，阳光非常灿烂，妈妈带他去院子里晒晒太阳，欣赏美景。他深深地呼吸着新鲜空气，仿佛嗅到了生命的味道，得到了生命的力量。望着那生机勃勃的草地，他的萌生出一个想法。他使出浑身力气，将身体移开轮椅，然后拖着没有知觉的双脚在草地上缓缓地匍匐前进。

妈妈眼含热泪，看着儿子艰难地向前

爬行。不知过了多长时间，他终于爬到了篱笆墙边。接着，他扶住篱笆，用尽全身力气站了起来。对他来说，这无疑又是一个奇迹，妈妈顿时激动得泪如雨下。

第一次站立的成功，更加坚定了他走路的决心。每天他都扶着篱笆练习走路，努力锻炼双脚是他唯一的目标。时间久了，篱笆墙边都被他踩出了一条小路。

凭着超出常人的刚强意志，以及妈妈不间断地按摩，他先是能独立站起来，然后能靠自己的双脚走路……

最后，他不但能自己走路上学，还能再次享受跑步的乐趣。他大学时期，甚至是田径队的一员。

格林·康宁汉博士——一个被断定逃不出死神手心的孩子，一个注定一辈子都无法走路、跑步的孩子，却凭着钢铁般的意志，跑出了全世界最优异的成绩。

■ 编译/甘盛楠

勇敢人生 / Brave Life

阻碍一个人重新站起来的不完全是身体上的伤痛，还有来自内心的恐惧与退缩。相信自己，昂首挺胸，勇敢地直面一切苦难，将命运掌握在自己手中。在持之以恒的汗水浇灌下，不经意间你会发现：奇迹之花已悄然绽放。

培养策略 / Training Strategy

格林·康宁汉博士用他的亲身经历告诉了我们人定胜天的道理。我们在面对生活或学习中的困难时，首先不能畏惧，要对自己有信心，相信自己可以战胜它。比如你的学习成绩很差，大家都笑你笨。你绝不能因为害怕别人笑话就躲起来，或者干脆破罐子破摔，而应相信自己并不比别人差，并用不懈的努力来证明自己行，这才是解决问题的最好办法。

矮个子的烦恼

亮亮已经十一岁了，可是个子还像七八岁孩子那样小。因为这个，同学们没少嘲笑他。甚至在他放学回家时，学校里几个调皮的高个子男生将他截在半路欺负他。亮亮为自己的矮个子自卑极了。如果你是亮亮的好朋友，你会怎样安慰他？

■ 你的建议 /

A.以后上学让妈妈接送吧，这样就没人敢欺负你了。
B.干脆别上学了，先把矮个子的问题解决了再说。
C.这点困难算什么，没有必要因为这个自卑。平时多加锻炼，即使个子不能长高，那也可以让自己变得强壮一些。

■ 点评 /

选A的同学：

父母确实能够保护我们远离危险，但我们不能什么都依赖父母呀！还是自己勇敢地面对吧！

选B的同学：

解决问题没有错，可假如个子的问题不能解决，那就永远不上学了吗？所以逃避并不是办法，勇敢面对才是关键。

选C的同学：

你真棒！遇到困难时，最需要的就是你这种勇气。相信任何困难都无法难倒勇敢的你！

所以C是最佳答案。

■ 专家悄悄话 /

面对别人的嘲笑或被欺负时，我们最需要做的不是躲起来，或找人帮忙，而是勇敢地正视自己的问题，并努力去解决。如果不能解决，我们就要想办法让自己在其他方面强大起来，从而得到大家的认可，这才是正确的解决办法。

小老鼠斯图亚特

● 有了勇气和智慧，小小老鼠也能战胜强大的猫咪……

利特尔先生的第二个儿子出生后，大家都发现他的个头和长相都太像一只老鼠了。但利特尔一家人仍旧很爱他。他们给他取名叫斯图亚特，还用香烟盒子给他做了一张小床。

斯图亚特太小了，他的父母和哥哥常常一下子就看不到他了，于是房子里经常回荡着"斯图亚特！斯——图——亚——特"的喊声。

一天，斯图亚特待在厨房里，当利特尔太太打开冰箱取东西时，他"哧溜"一下溜了进去，想找点干酪吃。斯图亚特以为妈妈已经看见他了，可是冰箱门突然"啪"的一声被关上了，他这才意识到自己被锁到了里面。

"救命啊！"他大声喊道，"这里又黑又冷！让我出去！"

但他的声音太微弱了，根本穿不透厚厚的冰箱壁。斯图亚特冻得牙齿"咯咯"响。直到半小时后，他的妈妈又打开冰箱取东西时，才发现他站在奶油盘子上，一边蹦着一边往手上呵气。

"天哪！"她不禁喊道，"斯图亚特，我可怜的小宝贝！"

妈妈赶紧给他热肉汤喝，又把他放到烟盒床上，把玩具热水袋放到他脚下暖着。即便如此，斯图亚特还是得了重感冒，又转成了肺炎。他在床上躺了整整两个星期。

一个寒冷的下午，利特尔太太正在往窗外抖抹布，突然发现窗台上有一只冻僵的小鸟。于是她把小鸟捡起来，放到暖气炉边。一会儿，小鸟抖了抖翅膀，睁开了眼睛。那是一只很可爱的小雌鸟。

不久，小鸟恢复了体力，就开始在房子里蹦来蹦去。她跳上了楼梯，来到斯图亚特躺着的那个房间。

　　"你好！"斯图亚特向她打招呼，"你是谁？你从哪儿来？"

　　"我叫玛戈，"小鸟用甜美的嗓音回答，"我来自长着高高的麦子的田野，来自长满蓟草的牧场，来自开满绣线菊的山谷。"

　　斯图亚特一下子坐了起来："再说一遍吧！"

　　"不行，"玛戈回答，"我嗓子疼呢。"

　　"我也是，"斯图亚特说，"我得了肺炎。你最好别太靠近我，会被传染的。"

　　"那么我就站在门口吧。"玛戈说。

　　"你量体温了吗？"斯图亚特开始从心里为新朋友的健康担心了。

　　"没有，"玛戈说，"我觉得没那个必要。"

　　"哦，最好还是确认一下。"斯图亚特把体温表递给了她。

　　三分钟后，玛戈宣布："体温正常。"

　　斯图亚特高兴得心都在怦怦跳。他真喜欢这只小鸟。

"我的父母给你安排好睡觉的地方了吗？"斯图亚特关心地问。

"恩，是的。"玛戈回答，"我要睡在起居室书架上的那盆羊齿植物里。现在，如果你不介意，我就要去上床睡觉了。晚安，先生！"

"请不要叫我先生，"斯图亚特叫道，"就叫我斯图亚特吧。"

"好！晚安，斯图亚特！"鸟儿说着，就高兴地蹦下楼了。

斯图亚特盖好了被子。"这只鸟真好。"他温柔地自言自语。

不久，利特尔太太进来看望斯图亚特，斯图亚特担心地问："玛戈在起居室里睡觉安全吗？"

"亲爱的，非常安全。"利特尔太太回答。

"那只叫雪球的猫呢？"斯图亚特还是不放心。

"雪球不会碰她的。"他妈妈说，"快睡吧，别想这些了。"说完，她关上了灯。

斯图亚特在黑暗中躺了一会儿，可还是睡不着。他翻来覆去，一直在想着雪球和他闪光的眼睛。

"想到玛戈处于危险中，我怎么能睡得着呢！"

斯图亚特推开被子，爬下了床。他带上弓箭和手电筒，蹑手蹑脚地走

进走廊。大家都睡了，屋子里漆黑一片。斯图亚特悄悄下了楼，小心地向起居室走去。他的嗓子还是很疼，而且还有点儿头晕。

"即使病了，我也能把事情做好。"他暗暗给自己鼓劲儿。

他偷偷地进入了起居室，顺着绳子悄悄爬上了书架。借着外面微弱的路灯的光，斯图亚特隐约看见玛戈把头藏在翅膀下，在羊齿植物上睡得正香。

钟敲了十下，斯图亚特突然看到了沙发后两只闪光的黄绿色眼睛。

"我就知道会有事！"斯图亚特心想。他抽出了弓箭。

那双眼睛慢慢靠近了。斯图亚特有点儿害怕。但他是一个勇敢的老鼠，即使在生病时也是。雪球无声地，慢慢向书架走过来，又跳上了椅子，然后压低身子准备往上跳。他的尾巴兴奋地摆动着，眼睛更亮了。

斯图亚特要行动了！他单膝跪地，拉满弓弦，瞄向雪球的耳朵。

射中了！雪球跳起来，痛苦地号叫着逃向厨房。

"一箭中的！感谢上帝！这活儿干得漂亮！"斯图亚特潇洒地向梦中的玛戈抛了个飞吻。

几分钟后，这个疲惫的小老鼠爬回自己的床上——他终于可以好好睡上一觉了。

■ **撰文**/E.B.怀特　　■ **编译**/颜艳群

勇 敢人生 / Brave Life

娇小瘦弱的斯图亚特用行动为我们诠释了勇敢的内涵。面对比自己大好多倍的雪球，他没有逃避，而是用自己的勇敢和智慧捍卫了朋友的安全。这种独立面对困难、以智慧解决问题的精神也是值得我们学习的哦！

培 养策略 / Training Strategy

当父母不在我们身边时，我们应该试着独立地面对问题，并尽力去解决它。比如，父母不在家时，你不小心割破了手。你首先最该做的不是打电话向父母哭诉或求救，而应该试着自己将伤口包扎起来，然后尽快赶到医院。如果严重的话，也可以直接拨打医院的电话，听从医生的安排，做好紧急救护。这些是你完全可以做到的。

聚会中的意外

维特一向是个勇敢的孩子。一个周末，维特跟爸爸妈妈到一个亲戚家做客。大家正聊得开心的时候，猛地发现地板上有一条蛇在爬。所有人都吓得惊叫起来，只有维特表现得很勇敢，他走上前去，一把抓住蛇的尾巴，将它从窗户扔了出去。同学们，你怎么看待维特的行为？

■ 你的看法

A.维特简直太勇敢了，我要向他学习。

B.维特真傻，怎么可以做这么危险的事呢！

C._____ 。

■ 点评

选A的同学：

看得出来，你也挺勇敢的。不过，任何时候都不要盲目行事哦，要考虑得周全些才好。

选B的同学：

你之所以这么想，说明你的内心很胆怯，遇到事情总想逃避，这可不是解决问题的好办法哦！

你一定有更好的看法，把它填在C处吧！

■ 专家悄悄话

勇敢是一项非常可贵的品质，遇到困难和突发情况时，尤其需要勇敢。维特确实表现得很勇敢，可是他在没有确定蛇是否有毒的情况下，就盲目地用手去抓蛇，多少存在着不可预知的危险，这样的勇敢就显得有些莽撞了。所以，还是先动动脑筋再行动的好。

用欣赏的眼睛发现风景

● 如果把困境比作黑夜，那么勇气就是困境中的光明，而智慧是
获得光明的最佳方式。

初春的一天，我沿着河堤散步，两岸的花儿开了，粉粉白白的煞是好
看。忽然被一块石头绊住，我低头看去，石缝里绽出一朵小花。它
随风摇曳，清淡出尘，我不由想起一张熟悉的面孔。

她是我的初中同学胡梦蝶，名字富有诗意的她，偏偏长得又黑又胖，
衣着也显得十分土气。我们来自同一座小城，住在上下铺，因而，她常凑
到我跟前说话。她爱说爱笑，声音响亮，我却不屑与她深交，只淡淡地回
应着。

那年放寒假，恰好赶上春节临近，我为回家的车票发愁，梦蝶说：
"别担心，有我呢。" 她半夜起床去车站排队，冻得两颊酡红，买到了
两张硬座车票。我们好不容易挤上了车，放置好行李后坐下来，车缓缓开
动了。

我掏出席慕容的诗集，正要翻看，却听到带着哨音的呼噜声。遁声望
去，只见过道另一边坐着四个人，看打扮是返家的农民工。他们相互靠着
睡着了，嘴角边淌着口水，样子看上去有些滑稽。

这时，车厢里走来一胖一瘦两男子，四下张望了一会儿，蹭到农民工
的身边。

随后意想不到的事情发生了，瘦子将手伸进农民工的衣兜里……胖子
站旁边打掩护，他手背上刺着青龙，眼里闪着异样的凶光。

我吓得心中一紧，赶紧扭过头来，故作镇定地望向别处。周围的人估
计也看到了这一幕，大家都默不作声，空气中有一种让人窒息的沉静。

抬头，我看见梦蝶侧身望着对面，眉头紧锁，两只手攥得紧紧的。我

心想，她会大声喊"抓小偷"吗？别天真了，他们身上可能藏有凶器呢。

小偷手法娴熟地四下摸着，得手后朝后面的车厢走去。梦蝶看到了事件的全过程，并没有吱声。

我松了口气，想，以为她有多"勇敢"，原来不过是看热闹，害我白担心了一场。

我正兀自想着，梦蝶"噌"地站起来，快速向前面的车厢跑去。不一会儿，她领着两位乘警走过来，推醒了仍在酣睡的农民工。

几个睡眼惺忪的男人，先是惊讶犹疑地摸了摸身上，随即脸因痛苦而扭曲着。其中一人带着哭腔喊："天啊，这可怎么办，一年的工资就这么没了。"

他这么一喊，另外仨人也慌了神，声音颤抖地说："警察同志……可要帮帮俺呀，都怨俺们睡得太死了。"

梦蝶接过话说："我记得小偷的相貌，趁现在他们没走远，赶紧把钱追回来。"

梦蝶和乘警一起，朝小偷离去的方向追去。很快，经过她的指认，乘警将在另一车厢继续作案的小偷抓获，丢失现金被如数追回。

"谢谢小妹妹……你可帮了大忙了。" 几位农民工像遇到救星般连声道谢，每人掏出张百元钞票，硬往梦蝶手里塞，"小妹妹，钱不多，是俺们的心意，你就收下吧。"

这一切令我始料未及，更意外的是面对这400元钱，梦蝶微笑着拒绝了。要知道，对家境贫寒的梦蝶来说，那可是她几个月的生活费。

梦蝶回到座位上，一脸的淡然与平静，仿佛刚才惊险的一幕，不过是件平常的小事。

到家后，讲起列车上的奇遇，我心有余悸地说："看她平时那么笨拙，遇事还挺机灵呢。"

"我倒认为她是善良、机敏、正直的女孩，不要随意嘲笑同学，要多看别人的优点。"正在伺弄花草的父亲说，"这就好比花草，虽然形态各异，但各有各的美丽动人之处。"听了这话，我的脸蓦地红了。

这件事已过去多年，却总在不经意间浮现脑海。它提醒我戒除骄气，去掉浮躁，常怀谦恭之心。让我懂得不要用外表去衡量一个人，而应学会用欣赏的眼睛，去发现他人内心绝美的风景。

■ 撰文/顾晓蕊

勇敢人生 / Brave Life

在火车上遭遇小偷，全车人都选择了沉默。但这沉默所代表的含义却不尽相同，相较于大多数人的软弱，梦蝶的按兵不动却是智慧与勇敢的象征。鼓足勇气，充分发挥自己的聪明才智，我们可以战胜一切艰难险阻。

培养策略 / Training Strategy

面对激烈的竞争，要想立足于社会，勇气和智慧是不可或缺的法宝。家长要从小就开始锻炼孩子的胆量，并鼓励其发挥聪明才智。比如，孩子在学游泳时，不小心呛到水了，家长不要急于将孩子拉出来，而应该告诉他这是很正常的，不值得害怕，同时还要让他想办法使自己不再呛水，如使用鼻塞或改变游泳姿势等。

家遇小偷

一个周末的上午，家里只剩下丫丫一个人在房间写作业。突然，客厅传来一阵响声，丫丫忙打开门，打算看看发生了什么事。她刚走出房间，就看到一个陌生人在埋头翻她家的抽屉。丫丫马上意识到他是小偷。如果你是丫丫，你会怎么做？

■ 你的做法 /

A.大声喝止住小偷，让他离开。

B.赶紧回到书房，偷偷打电话报警，然后再打电话找邻居截住小偷，防止他逃跑。

■ 点评 /

选A的同学：

　　你很勇敢，可是你这样贸然地冲出来，不仅不能制止小偷，反而还可能使自己面临危险哦。

选B的同学：

　　你很勇敢，也很聪明。这样不仅保证了自己的安全，还能抓住小偷，真的很棒！

所以B是最佳答案。

■ 专家悄悄话 /

　　每个人都想做一个勇敢的人，但什么才是勇敢？它绝不是鲁莽行事。当面对比我们强大的对手时，不能硬碰硬，最好的办法就是以智取胜。

4 胆商大检阅

——挑战你的胆商

　　到底什么才是胆商？相信通过前几章的故事和练习，同学们已经对胆商的概念有了基本了解。在本章，我们将集中对同学们展开胆商测试。本章共分五关：热身关、启动关、加油关、冲刺关和终结关。这五关从浅到难，逐步深入，通过这些测试，同学们可全面认识自己的胆商水平，从而有方向地改善自己，做一个有胆、有识、有谋的人！

胆商大检阅 热身关

　　首先，欢迎你来到胆商大检阅的热身关。在这一关里，我们将检测一下你应对困难的能力。这是对你的胆商水平的小测试。不要紧张，鼓起勇气认真地做出选择，相信勇敢的你一定会拿到好成绩的！赶快行动吧！

001 应对困难能力测试

请在"是""否"或"不确定"对应的方框内打"√"。

	是	否	不确定
1.你的童年是在父母的溺爱下度过的。	□	□	□
2.你的生活充满坎坷，经常被人嘲笑。	□	□	□
3.第一次遭到失败后，你几乎丧失了生活的勇气。	□	□	□
4.你常常觉得活得很累。	□	□	□
5.让你和性格不同的人交朋友，简直是活受罪。	□	□	□
6.你从来没有失眠过。	□	□	□
7.你会因为朋友带来一个自己讨厌的人而感到震惊。	□	□	□
8.原定班干部名单中有你，可在确定时你却落选了。即使这样，你也会诚心恭喜入选的同学。	□	□	□
9.你特别讨厌奇装异服和乱糟糟的音乐。	□	□	□
10.你觉得实行一些新的规定和制度都是很正常的。	□	□	□
11.你接连遇到几件不愉快的事，会一次比一次苦恼。	□	□	□
12.即使是同"仇人"交谈，你也能够心平气和。	□	□	□
13.到新的环境，你能够很容易和大家打成一片。	□	□	□
14.别人擅自动你的东西，你会生气很长时间。	□	□	□
15.即使失败多次，你也不会放弃再次尝试的机会。	□	□	□
16.如果有重要事情没有完成，你就会吃不下饭、睡不着觉。	□	□	□
17.必须有一半的成功把握，你才会去做有风险的事。	□	□	□
18.只要流行感冒，你就会被感染上。	□	□	□
19.别人要是对你不公平，你就会找机会报复。	□	□	□
20.在空闲时间，你很喜欢看报纸或小说。	□	□	□

评分标准

题号 选项　　分数	1	2	3	4	5	6	7	8	9	10	11	12	13	14	15	16	17	18	19	20
是	1	5	1	5	1	5	1	5	1	5	1	5	5	1	5	1	1	1	1	5
否	5	1	5	1	5	1	5	1	5	1	5	1	1	5	1	5	5	5	5	1
不确定	3	3	3	3	3	3	3	3	3	3	3	3	3	3	3	3	3	3	3	3

测试结果

■ 001>应对困难能力测试

得分为20～45分：你的内心很脆弱，难以接受任何打击，甚至一点不如意都会让你寝食难安。建议你主动增强自己的承受能力，用一种积极的态度来迎接挑战。

得分为46～75分：你基本能够承受住打击，通常情况下，顶多是烦恼多一些。试着让自己再勇敢点，多给自己点时间冷静思考，问题总会解决的。

得分为76～100分：恭喜你，你真的很勇敢。敢于迎接任何挑战。在困难面前，你始终勇往直前，且应付自如，你是一个很容易获得成功的人。

胆商大检阅 启动关

同学们，在热身关相信你已经对自己的胆商有了初步了解，下面这一关我们将从日常生活中遇到的事情来进一步考验你的胆商。你做好准备了吗？大胆前进吧！只要你鼓足勇气，任何困难都无法打倒你！还在等什么？快点跟我来吧！

001 滑雪比赛

李莉是学校业余滑雪队的成员，她学习滑雪已经有四五年了。听说市里最近要举行一次青少年滑雪比赛，李莉兴奋极了，非常想参加。不过，具体的参赛人员需要由老师来安排。你觉得李莉应该怎么做？

A.什么也不做，等待老师的推荐。
B.主动向老师推荐自己。

002 学习泥塑

鹏鹏从小就喜欢用泥巴捏各种各样的东西玩。后来，爸爸把他送进专门的地方学泥塑。鹏鹏以极大的热情投入到学习中，可结果却不尽如人意。一年过去了，他始终没做出一样让老师非常满意的作品。鹏鹏十分沮丧，想要放弃学习泥塑。你觉得鹏鹏这样做对吗？

A.不对。既然自己那么喜欢，怎么可以遇到这点挫折就轻易放弃呢？勇敢地面对困难，坚持下去，总会成功的。
B.对。这么长时间没学会，说明他根本没有这个能力，强撑也没有用。

003 竞选班干部

班里马上就要选举班干部了。丫丫虽然学习一般，但非常想当班干部，于是丫丫主动向老师提出要当班干部的想法。老师考虑了一番后，给丫丫布置了一项任务，表示如果能完成就让丫丫当班干部，否则就不能入选。对于这个任务，你怎么看待？

A. 老师是在故意为难丫丫，她还是放弃好了。

B. 这是一个很好的表现机会，丫丫应该勇敢地接受任务，证明自己的能力。

答案

■ 001>滑雪比赛

B 任何时候，坐等都不是解决问题的最好办法。我们应该有勇气去争取每一次机会，主动出击，这样才不至于因错失良机而遗憾。

■ 002>学习泥塑

A 做任何事情都不可能是一帆风顺的，如果是自己喜欢做的事情，就应该坚持到底，不要轻易放弃。

■ 003>竞选班干部

B 在处理事情的过程中，往往可以体现一个人的能力。班干部考察的就是一种能力，当班干部后可能会遇到各种问题，所以首先丫丫要具备面对任何困难的勇气，敢于去迎接挑战，才是称职的。当然，不止当班干部这件事，对于任何事我们都应该有足够的勇气去面对才行。

胆商大检阅 加油关

同学们，通过前两关的练习你一定增长了不少经验吧！可以认真总结一下哦，这对于接下来闯关都会有所帮助呢！这一关在难度上会有所增加，但绝非你想象的那样难以攻克。只要你认真对待，就一定能取得理想的成绩。

快给自己加加油吧！大步地向前行进，相信你行的！

001 远处的外婆家

东东因为从小就和外婆生活在一起，所以和外婆的感情十分好。上学后，每年暑假爸爸妈妈都会把东东送到外婆家去玩。今年，爸爸妈妈临时有事不能送东东去外婆家了，十岁的东东虽然非常想念外婆，可他从未单独坐过长途汽车。他该怎么做？

A.老实待在家里。
B.自己去外婆家。
C.让外婆来接自己。

002 连遭不幸之后

小晴的父亲在她很小的时候就去世了，她和母亲相依为命。母亲对她极其疼爱，舍不得她吃一点苦。然而，不幸的是，在小晴十二岁那年，母亲也不幸去世了。小晴再也没有人可以依靠了。如果你是小晴，你会怎么样？

A.失去生存的勇气。
B.勇敢地面对一切。
C.乞求别人的帮忙。

003 安妮的选择

安妮是一个非常棒的马术运动员。可是，在一次比赛中，她不幸从马上摔了下来，腿部骨折了。经过治疗，安妮虽然可以正常行走，但医生建议她最好不要再骑马了。然而安妮十分热爱自己的事业，坚持回到了队里，经恢复训练后，继续参加比赛。对于安妮的决定，你有什么看法？

答案

A.她真的太勇敢了。
B.她太不懂得爱惜自己了。
C.她这样简直是自不量力。

■ 001 > 远处的外婆家

B 每个人都有独立的一天，这要从每一个第一次开始。对于未知的第一次我们不可避免地会有些恐惧心理，但这并非难以克服。勇敢地迈出第一步，你会发现任何事情都是可以解决的。懦弱、退缩只会让你一事无成。

■ 002 > 连遭不幸之后

B 生活中充满了变数，有的意外对于我们甚至是致命的打击。然

而，生活总是要继续的，与其消极地得过且过，不如积极勇敢地去面对，这样才能为自己争取一线生机，获得重生的希望。

■ 003 > 安妮的选择

A 理想的实现，总是要付出一定的代价。首先，它最需要的就是克服一切困难的勇气。如果一遇到困难就放弃，那还谈什么理想？只有勇往直前，才能到达理想的彼岸。

胆商大检阅 冲刺关

首先要恭喜你顺利地通过了前三关，无论结果如何，都可以看出你是一个勇敢的孩子。希望你将这种勇敢一直坚持到底。就像在参加百米赛跑一样，冲刺是决定胜负的关键，所以，打起精神来，勇敢地向这一关冲刺吧！

001 教授的失误

静若因为很高的音乐天赋，被一个钢琴界的老教授收为学生，大家都对她羡慕不已。一次，教授推荐静若参加钢琴大赛，并给她一支曲子练习。在练习的过程中，静若总觉得曲中有一个小节不是那么协调，她犹豫着要不要对教授说出来。你觉得她该怎么做呢？

A.直接对教授说出来，并提出修改意见。
B.不吱声，完全按照教授的曲谱弹。
C.委婉地说出自己的意见，改不改看教授的态度。

002 自卑的小爱

小爱出生在一个穷苦家庭，母亲去世得早，她与残疾的父亲相依为命，父亲靠蹬三轮车养活家里。上学后，小爱看到同学们的家庭环境都很优越，父母也都有体面的工作，感到很自卑。一次，小爱的爸爸来学校宿舍看小爱，同学们都暗暗嘲笑他的样子土气。你觉得小爱该怎么做？

A.赶紧让爸爸离开，远离同学的嘲笑。
B.虽然心里很不好受，但假装什么都没看见，继续和爸爸说话。
C.大方地向同学介绍自己的爸爸。

003 该不该放弃梦想

彬彬是学校篮球队的队长，篮球打得非常好。在一次比赛后，学校决定保送彬彬去专业的体育学校进行专门训练。可是彬彬的梦想是考大学，学习更多的文化知识。经过一番考虑，彬彬不顾家人和校方的劝阻，毅然放弃保送名额，继续留校学习。对于这件事，你怎么看？

A.彬彬真傻，放弃了大好机会，简直是自讨苦吃。

B.彬彬很有胆识，不仅有自己的目标，还敢于追求，这种勇气和胆识很值得学习。

C.彬彬肯定是对自己的篮球技术没有信心，才放弃这个机会的。

答案

■ 001 > 教授的失误

A 学习是一个不断纠正错误、不断探求真理的过程。任何人都不是绝对的权威，都会犯错误。所以，作为学生，我们要敢于质疑，并提出自己的正确看法。即使别人一时无法接受我们的见解，我们也要坚持这种质疑的勇气，因为这个过程远比结果更有意义。

■ 002 > 自卑的小爱

C 现实生活中有些事情不是我们所能改变的，与其逃避，不如勇敢面对。这种勇敢犹如生活中的一缕阳光，将驱散所有迷雾，引领我们走向灿烂的明天。

■ 003 > 该不该放弃梦想

B 目标是激励一个人不断向前的动力，所以每个人都要为自己设定一个目标。然而，在目标实现的过程中，我们会遭遇这样或那样的阻碍，这就需要我们勇敢地为自己争取机会，大胆地向自己的目标迈进。

胆商大检阅 终结关

　　恭喜你！你已经成功地连闯四关，进入最后也是最难的一关——终结关。在前面几关，我们着重从胆量和胆识两方面展开测试，相信你一定收获颇丰。接下来我们将着重从胆略方面出发，全面地展示胆商的魅力，快快集中精力，证明自己吧！

001　弟弟生病了

　　假期的一天，爸爸妈妈因为急事到外地出差了，留下明明和鹏鹏兄弟俩在家里。一上午兄弟俩都在为这难得的自由时刻而开心，可是到了下午，不知道是不是吃坏了东西，鹏鹏开始上吐下泻，很快就病倒了。明明从来没有遇到过这样的事情，你觉得他应该怎么做？

A.打电话让爸爸妈妈赶紧回来。
B.随便找些止泻药给鹏鹏吃。
C.拨打急救电话120，咨询相关事宜，再决定怎么做。

002　爱跳舞的女孩

　　安蕊是一个非常爱跳舞的女孩，她的舞姿美极了。谁能想到，一次车祸竟然降临到她的头上。出院后，安蕊失去了双腿，再也不能跳舞了。很长一段时间，安蕊总是看着过去的舞鞋发呆。一天，班里要举办舞会，同学们害怕安蕊知道了会难过，便没有通知她。可安蕊还是知道了这个消息，你觉得安蕊会怎么做？

A.假装不知道，独自在家里伤心。
B.主动参加到舞会中去，即使不能跳舞也可以唱唱歌或拉拉琴什么的。
C.坚持去舞会现场，看着大家快乐地跳舞黯然神伤。

有一天，你和几个同学一起都野外游玩，不知不觉来到悬崖边的一处小亭子，一对老年夫妇正坐在那里看风景。突然，那个老爷爷一不小心从崖边滑落了，老奶奶一把抓住了丈夫的双手，同时用嘴紧紧地咬住他的衣襟。在这危急时刻，作为旁观者的你，会怎么做？

A.拨打报警电话110或跑着去找大人们帮助。
B.不顾一切勇敢地冲上去拉住二人。
C.将腰带解下来或找来结实的绳子，扔给老爷爷，然后和同学共同努力将老爷爷拉上来。

答案

■ **001 > 弟弟生病了**
C 面对意外，我们首先不能惊慌失措，要让自己的内心勇敢起来，然后发挥自己的聪明才智，这样才能做出最正确、最有效的选择。

■ **002 > 爱跳舞的女孩**
B 困境对人最大的打击不是身体上的，而是精神上的。面对身体上的伤害，我们最需要做的不是自怨自怜，而是应该让自己的内心变得坚强。就让我们鼓起勇气，迎接一切考验，做生活的强者吧！

■ **003 > 患难与共的夫妻**
C 以上几种选择都体现出了我们的勇敢和爱心。可是，在情况如此危急的时刻，求救他人明显来不及了，我们只能自己出手。当然，在帮助他人的时候，保障自身的安全也同样重要，所以最好能动动脑筋，做到两全其美。

图书在版编目（CIP）数据

DQ胆商：两智相争勇者胜／龚勋主编 . —北京：
华夏出版社，2013.1
　　ISBN 978-7-5080-7249-4

　　Ⅰ .① D… Ⅱ.①龚… Ⅲ .①成功心理—青年读物②
成功心理—少年读物 Ⅳ .① B848.4-49

　　中国版本图书馆 CIP 数据核字（2012）第 250137 号

出品策划：　文轩
　　　　　　出品
网　　　址：http://www.huaxiabooks.com

未来成功人 10Q 全商培养

DQ胆商：两智相争勇者胜

总 策 划	邢 涛	出版发行	华夏出版社
主　　编	龚 勋	地　　址	北京市东直门外香河园北里 4 号
项目策划	李 萍	邮　　编	100028
文字统筹	谢露静	总 经 销	新华文轩出版传媒股份有限公司
编　　撰	李珊珊　甘盛楠		
责任编辑	李菁菁	印　　刷	北京丰富彩艺印刷有限公司
		开　　本	787×1092　1/16
设计总监	韩欣宇	印　　张	8
装帧设计	乔姝昱	字　　数	100 千字
版式设计	乔姝昱	版　　次	2013 年 1 月第 1 版
美术编辑	安 蓉　邹 或	印　　次	2013 年 1 月第 1 次印刷
图片绘制	小春插画设计工作室等	书　　号	ISBN 978-7-5080-7249-4
印　　制	张晓东	定　　价	20.00 元

● 本书中参考使用的部分文字及图片，由于权源不详，无法与著作权人一一取得联系，未能及时支付
稿酬，在此表示由衷的歉意。请著作权人见到此声明后尽快与本书编者联系并获取稿酬。
联系电话：(010)52780202